Reinforcement Learning

强化学习算法入门

【日】曾我部东马　著

段琼　译

中国水利水电出版社
www.waterpub.com.cn

·北京·

内 容 提 要

作为第一个战胜围棋世界冠军的人工智能机器人AlphaGo，我们知道其主要工作原理是深度学习。随着AlphaGo Zero和Alpha Zero的相继发布，作为机器学习经典算法之一的强化学习，在人工智能领域受到了更多的关注。

《强化学习算法入门》使用通俗易懂的语言，按照"原理-公式-程序"的方式，对强化学习的基础知识进行了详细讲解。书中先让大家从熟悉的"平均值计算"作为切入点，学习强化学习的基本概念，然后结合实例学习了函数近似方法、深度强化学习的原理和方法等，比较了各算法的特点和应用，并用Python和MATLAB两种语言进行了编程实现。

《强化学习算法入门》内容丰富，实践性强，特别适合高校人工智能相关专业学生，机器学习、深度学习工程师等学习强化学习算法。

北京市版权局著作权合同登记号　图字：01-2023-1224

Original Japanese Language edition
KYOKA GAKUSHU ALGORITHM NYUMON -「HEIKIN」KARA HAJIMERU KISO TO OYO-
by Tomah Sogabe
Copyright © Tomah Sogabe 2019
Published by Ohmsha, Ltd.
Chinese translation rights in simplified characters by arrangement with Ohmsha, Ltd.
through Japan UNI Agency, Inc., Tokyo

图书在版编目（C I P）数据

强化学习算法入门 / （日）曾我部东马著 ； 段琼译
. -- 北京：中国水利水电出版社，2024.1
　ISBN 978-7-5226-1761-9

　Ⅰ．①强… Ⅱ．①曾… ②段… Ⅲ．①机器学习一算
法 Ⅳ．①TP181

中国国家版本馆CIP数据核字(2023)第159710号

书　　名	强化学习算法入门 QIANGHUA XUEXI SUANFA RUMEN	
作　　者	【日】曾我部东马 著	
译　　者	段琼 译	
出版发行	中国水利水电出版社	
	（北京市海淀区玉渊潭南路 1 号 D 座 100038）	
	网址：www.waterpub.com.cn	
	E-mail：zhiboshangshu@163.com	
	电话：（010）62572966-2205/2266/2201（营销中心）	
经　　售	北京科水图书销售有限公司	
	电话：（010）68545874、63202643	
	全国各地新华书店和相关出版物销售网点	
排　　版	北京智博尚书文化传媒有限公司	
印　　刷	北京富博印刷有限公司	
规　　格	148mm×210mm　32 开本　5.75 印张　203 千字	
版　　次	2024 年 1 月第 1 版　2024 年 1 月第 1 次印刷	
印　　数	0001—3000 册	
定　　价	69.80 元	

前　言

2016 年，战胜世界顶尖职业围棋选手的 AlphaGo 的出现，让人工智能受到了全世界的关注。随后，AlphaGo Zero 和 Alpha Zero 的相继发布，进一步引起了人们对强化学习的关注。深度强化学习是一种不使用人类经验，而是从类似于白纸（tabula rasa）那样的空白状态开始自我训练（学习）并逐渐变得强大的方法，在研究领域和商业应用中都备受关注。

但是，讲解强化学习和深度强化学习原理的书籍并不多，并且在为数不多的强化学习相关书籍中，通常会出现很多晦涩的专业术语（如最优策略、价值函数、马尔可夫决策过程等），而没有进行解释。此外，这些书籍的作者大多是应用数学方面的专家，对于非数学专业的人来说阅读的门槛很高，不仅是初学者，就连人工智能的研究者也常常感到很难理解。

写作本书的目的就是为了解决这种高门槛问题。下面列举一下本书的特点：

- 以初高中学生都熟悉的"平均值"为视角，解释强化学习的基本概念，如价值和探索等。
- 通过使用多臂老虎机问题和网格世界问题等常见的例题，对各种算法进行比较，这样可以更容易地理解每种算法的差异和特点。
- 将复杂的函数近似器的解释替换为回归问题进行说明，以简化对其的理解。作为 TD 方法和 DP 方法的例题，应用简单的线性回归近似模型进行解释。
- 对于带有 有 Code 标志的图和章节，配有 Python 3 和 MATLAB 两种代码。下载并执行代码，可以直观地理解"原理 → 公式 → 程序"这一系列流程。
- 关于深度强化学习的前沿理论的各种算法，本书并没有一一说明，而是着重比较了概率型策略梯度法和决策型策略梯度法，并进行分析。这样可以了解算法产生的背景，并理解数学原理和创新之处。

- 本书是一本强化学习算法的入门指南，为了让读者获得更高层次的专业知识，在书末准备了参考文献列表。在正文中适时介绍了使用哪些参考文献可以获得更详细的知识，请一定要阅读。

资源下载方式

Python 和 MATLAB 的代码可以通过以下方式获得。

（1）扫描下面的"读者交流圈"二维码，加入圈子即可获取本书资源的下载链接，本书的勘误等信息也会及时发布在交流圈中。

（2）也可以扫描"人人都是程序猿"公众号，关注后，输入 qhsf8 并发送到公众号后台，获取资源的下载链接。

（3）将获取的资源链接复制到浏览器的地址栏中，按 Enter 键，即可根据提示下载（只能通过计算机下载，手机不能下载）。

读者交流圈　　　人人都是程序猿

笔者作为一名强化学习入门研讨会的讲师，从 2017 年开始与学员接触并交流。在这个经历中，我了解了来自不同背景的学员在学习过程中感到困难和需要详细解释的问题。能够编写这本面向初学者的入门书，要归功于学员们的支持和帮助。借此机会，我想对他们表达深深的谢意。

此外，我还要对写作本书提出邀请并负责从原稿校对到最终出版一直支持和帮助我的欧姆社的各位同事，在能源和人工智能研究领域和我一起奋斗的、以曾我部完代表为首的 Grid 公司的伙伴们，在研究和教育两方面都给予我很多帮助的东京大学尖端科学技术研究中心的冈田至崇教授和电信大学的山口浩一教授，从初稿阶段就给我建议的坂本克好助教以及协助编码的 Malla Dinesh 同学表达深深的感谢。另外，我还要感谢东京大学尖端科学技术中心、电信大学 i-PERC 研究中心为我提供了良好的教育研究环境。最后，我还要感谢一直支持、陪伴我挑战的家人（理翔、良子、香织）。

曾我部东马

注：本书为日语版计算机类翻译图书，书中字体格式等一律与原书保持一致。

目 录

第 4 章 深度强化学习的原理和方法 127

第 1 章

基于"平均"的
强化学习的基本概念

▌1.0　简介

强化学习中有很多难懂又抽象的专业术语，即使是有专业知识和背景的人，也会有一种门槛很高、难以理解的印象，容易敬而远之。例如，"价值"这个概念，在机器学习领域中并不常见，但在强化学习中从头到尾都会出现，是最为基本的概念。

如果你在某个研讨会上必须对价值进行说明，而且需要价值的定量计算公式，你会怎么做呢？正在读此书的你，现在把书合上考虑 3 分钟吧。

怎么样，有答案了吗？"价值就是金钱""太模糊了，不知道该怎么表达""价值是感官的东西，所以是不能计算的"等，我想读者会有各种各样的感想。的确，谈论"价值"和谈论"喜欢"是相似的。"喜欢这个人，讨厌那个人"，这样的心情当然是难以计算的。"喜欢"和"价值"等抽象概念最难理解之处就在于其"模糊性"。在日常生活中，我们会在不知不觉中，稀里糊涂地过着幸福的生活。事实上，正因为有了这种模糊性，生活才变得更加顺畅。

"用金钱来换算喜欢"这种说法和想法，往往被视为禁忌。但是"价值"这个概念，其禁忌就稍微缓和了一些。例如，一辆车、一幅画、一件物品等，其价格几乎直接反映出了物品的价值。虽然很想得出结论说"很简单"，但是不能草率地下判断。

举个例子，假设某个公司想"决定每个员工的价值"。也许有人会想，如果是每个员工的价值，那么根据每个员工的销售额来决定价值不就行了吗？这对于销售岗位的员工可能比较容易计算，但是销售岗位以外的事务性岗位，或者支撑公司的其他员工的价值该如何计算呢？而且，即使是销售岗位，仅凭"销售额＝价值"的计算方法，也很难适用于所有的公司。因为价值中有很多不能直接用金钱来衡量的部分，销售额也是多方合作的结果，很难只算到一个人头上。

读到这里，我想有人已经累了吧。说到底，"价值"究竟是什么，最终还是让人摸不着头脑。但是，强化学习就是一门以现在我们认为很麻烦而放弃的"价值"这一概念为主题的学问。

以往关于强化学习的书，一般都是从"当然知道价值是什么吧？！"这样的观点出发，想当然地推进。然而本书对"价值"进行了彻底的分析，并从该"价值"中衍生出强化学习的各种概念。

1.1 平均值与期望值

虽然有些唐突，但本节中我想先把"价值是什么？"这个话题暂时放在一边，继续推进其他话题。首先，我来说明一下几乎所有人都能理解的"平均值"。然后，根据平均值的基本概念，再说明一下对很多人来说不太熟悉的"期望值"。

1.1.1 平均值

平均值是在小学就会学到的基本数学问题。为了复习，这里连续给出两道简单的例题。

例1 花子4门课的考试结果分别是：语文60分、数学90分、理科80分、社会70分。请问花子4门课的平均分是多少？

解说

$$平均分 = \frac{60 + 90 + 80 + 70}{4} = 75 \qquad (1.1)$$

式（1.1）是用小学学过的算式来计算的。如果将同样的算式改写成数学的方式重写，就会变成式（1.2）。

$$平均分 = \frac{1}{科目数} \times \sum_{i=1}^{4} 科目_i$$

$$= \frac{科目_1 + 科目_2 + 科目_3 + 科目_4}{4}$$

$$= \frac{语文 + 数学 + 理科 + 社会}{4} \tag{1.2}$$

$$= \frac{60 + 90 + 80 + 70}{4}$$

$$= 75$$

例 2 宫崎在玩掷骰子的游戏。骰子是六面体,每个面有 1 点、2 点、3 点、…、6 点的点数。掷骰子时,各面即各点出现的概率是相同的。六面体骰子各面的值和实验中各面出现的次数如图 1.1 所示。请计算掷 120 次骰子的平均点数是多少?

骰子的面	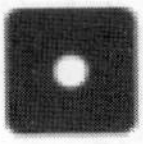	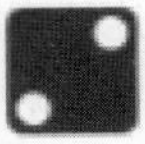	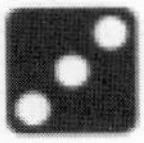	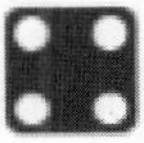	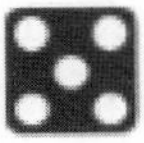	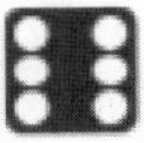
骰子的值	1	2	3	4	5	6
出现相同骰子面的次数	18 次	25 次	15 次	26 次	19 次	17 次

图 1.1 六面体骰子各面的值和实验中各面出现的次数

解说

$$平均点数 = \frac{1}{总次数} \times \sum_{i=1}^{6} 骰子 \, i \, 的值 \times 骰子 \, i \, 出现的次数$$

$$= \frac{1 点 \times 18 + 2 点 \times 25 + 3 点 \times 15 + 4 点 \times 26 + 5 点 \times 19 + 6 点 \times 17}{120} \tag{1.3}$$

$$= 3.45$$

1.1.2 期望值

平均值的计算是在小学学习的,期望值的计算难度较大,属于高中数学的内容。原因就在于涉及概率的思维方式。强化学习中经常出现的概率论的水平比较相当于高中水平的统计知识。

所谓期望值，就是将随机变量的实验值，用概率权重求平均得到的值。随机变量的概念和种类（离散型和连续型）将在后面的例题中进行说明。在这里，首先介绍期望值的概念和公式。

1. 离散型概率变量的期望值公式

$$E = \sum_{i=1}^{\infty} x_i P(x_i) \tag{1.4}$$

其中，E 是期望值的英文 Expectation 的首字母 E；x_i 是离散型随机变量；$P(x_i)$ 是离散型随机变量的概率。

2. 连续型随机变量的期望值公式

$$E = \int_a^b x P(x) \mathrm{d}x \tag{1.5}$$

其中，x 表示连续型随机变量；$P(x)$ 表示连续型随机变量的概率；a 和 b 分别表示连续型随机变量 x 的取值范围。下面来看例题吧。

例 3 有一个六面体的骰子，每个面分别是 1 点、2 点、3 点、…、6 点。在这个条件下，假设掷一次骰子，计算当时掷出骰子的期望值。

解说

在例 3 中，骰子面是随机变量。因此，随机变量的种类和骰子的面数一样，是 6 种。掷骰子会出现骰子的一面，该面上显示的值是随机变量的值。

在这个例题中，每个面的值都是固定的。因为值只有 6 种，所以作为随机变量的骰子的面是离散随机变量。另外，骰子各面出现的概率是一样的。骰子的 6 个面的均等概率 $P(x_i)$ 正好是 $\frac{1}{6}$（图 1.2）。在式（1.4）中代入期望值的计算如下。

$$
\begin{aligned}
E &= \sum_{i=1}^{6} x_i P(x_i) \\
&= \sum_{i=1}^{6} 骰子\ i\ 的值 \times P（骰子\ i\ 出现的次数） \\
&= 1 \times \frac{1}{6} + 2 \times \frac{1}{6} + 3 \times \frac{1}{6} + 4 \times \frac{1}{6} + 5 \times \frac{1}{6} + 6 \times \frac{1}{6} \\
&= 3.5
\end{aligned}
\tag{1.6}
$$

骰子的面						
骰子的值	1	2	3	4	5	6
骰子的各面出现的概率 $P(x)$	$\dfrac{1}{6}$	$\dfrac{1}{6}$	$\dfrac{1}{6}$	$\dfrac{1}{6}$	$\dfrac{1}{6}$	$\dfrac{1}{6}$

图 1.2　六面体骰子各面的值和实验中各面出现的理论概率

直觉敏锐的人可能注意到了，式（1.6）的结果和式（1.3）的计算结果非常接近。期望值与平均值的关系在强化学习中具有特别的重要性，所以后面会在 1.1.3 小节中进行说明。在这里，首先要理解强化学习中经常出现的离散和连续，直观地了解连续型随机变量和离散型随机变量的区别。为此，通过骰子的例题（例 4）来说明连续型随机变量。

> **例 4**　有一个六面体的骰子，各面的值是连续的，如图 1.3 所示。在这个条件下，假设掷一次骰子，计算当时掷出骰子的期望值。

骰子的面						
骰子的值	（0～1）任意实数值	（1～2）任意实数值	（2～3）任意实数值	（3～4）任意实数值	（4～5）任意实数值	（5～6）任意实数值
骰子的各面出现的概率 $P(x)$	$\dfrac{1}{6}$	$\dfrac{1}{6}$	$\dfrac{1}{6}$	$\dfrac{1}{6}$	$\dfrac{1}{6}$	$\dfrac{1}{6}$

图 1.3　各面是连续值的六面体骰子的具体图像

解说

在例 4 中，概率变量的种类和例 3 一样是 6 种。但是每次掷出的骰子面上的值不是例 3 中骰子面上显示的数字 1、2、3、4、5、6，而是连续的实数值。这里的连续是指（如掷出骰子的点数为 4 的面）点数是 3～4 之间的任意一个实数值。另外，由于会掷出各个区间内的任意实数值，所以概率都是 $P(x)=1$（假设为均匀概率分布）。假设骰子掷出各面的概率与例 3 相同，为 $\dfrac{1}{6}$，那么计算如下所示。式（1.7）中的 x_1，x_2，…，x_6 分别表示骰子 1、骰子 2、…、骰子 6 的值。

$$
\begin{aligned}
E &= \frac{1}{6}\int_0^1 x_1 P(x_1)\mathrm{d}x_1 + \frac{1}{6}\int_1^2 x_2 P(x_2)\mathrm{d}x_2 + \frac{1}{6}\int_2^3 x_3 P(x_3)\mathrm{d}x_3 \\
&\quad + \frac{1}{6}\int_3^4 x_4 P(x_4)\mathrm{d}x_4 + \frac{1}{6}\int_4^5 x_5 P(x_5)\mathrm{d}x_5 + \frac{1}{6}\int_5^6 x_6 P(x_6)\mathrm{d}x_6 \\
&= \frac{1}{6}\int_0^1 x_1 \times 1\,\mathrm{d}x_1 + \frac{1}{6}\int_1^2 x_2 \times 1\,\mathrm{d}x_2 + \frac{1}{6}\int_2^3 x_3 \times 1\,\mathrm{d}x_3 \\
&\quad + \frac{1}{6}\int_3^4 x_4 \times 1\,\mathrm{d}x_4 + \frac{1}{6}\int_4^5 x_5 \times 1\,\mathrm{d}x_5 + \frac{1}{6}\int_5^6 x_6 \times 1\,\mathrm{d}x_6 \\
&= \frac{1}{6}\int_0^6 x\,\mathrm{d}x = \frac{1}{6}\left(\frac{1}{2}x^2 \,\Big|_0^6\right) \\
&= 3
\end{aligned}
\tag{1.7}
$$

得出结果 3 的计算过程，我想读者可以直观地理解。如果稍微改变一下条件，例如，将式（1.7）的连续实数值范围设为 1 ~ 7，期望值就会变成 4。离散型随机变量的期望值 3.5 正好是 3 和 4 的平均值。通过例 4 可以体会到离散型和连续型的内在关联性。

1.1.3 期望值与平均值的关系

下面解释一下期望值与平均值的关系。期望值和平均值在强化学习中，从基本概念到计算方法，几乎在所有内容上都存在对应关系，所以对于学习强化学习的读者来说，是绝佳的教材。乍一看两者的计算公式相差甚远，我们将两个公式放在一起比较一下。

$$
平均值 = \frac{1}{总次数} \times \sum_{i=1}^{6} 骰子\ i\ 的值 \times 骰子\ i\ 出现的次数 \tag{1.8}
$$

$$
期望值 = \sum_{i=1}^{6} 骰子\ i\ 的值 \times P\ (骰子\ i\ 出现的次数) \tag{1.9}
$$

仔细一看，好像有什么关系。再试着对平均值公式进行一次变形。

$$
\begin{aligned}
平均值 &= \frac{1}{总次数} \times \sum_{i=1}^{6} 骰子\ i\ 的值 \times 骰子\ i\ 出现的次数 \\
&= \sum_{i=1}^{6} 骰子\ i\ 的值 \times \frac{骰子\ i\ 出现的次数}{总次数}
\end{aligned}
\tag{1.10}
$$

变形后的式（1.10）和式（1.9）非常相似。而且，用掷出骰子 i 的次数除以掷骰子的总次数，就是在求掷出骰子 i 的概率 P 的过程。这非常有帮助，因为"事前知道某种现象发生的概率"这种情况非常少。

六面体的骰子和硬币的正、反面等简单的现象都适用于均等概率，其他情况就可以用式（1.10）来计算平均值。随着增加求平均值的次数，$\dfrac{骰子\ i\ 出现的次数}{总次数}$ 就会越接近期望值计算公式中出现的概率 P（骰子 i 出现的次数）。根据例 2 和例 3 的结果制作了图 1.4，从图中也可以看出这一点（此处的近似值为 $\dfrac{1}{6} \approx 0.167$）。

出现相同骰子面的次数	18 次	25 次	15 次	26 次	19 次	17 次
$\dfrac{次数}{总次数（120）}$	0.15	0.20	0.125	0.216	0.158	0.141
骰子面出现的理论概率 $P(x)$	0.167	0.167	0.167	0.167	0.167	0.167

图 1.4　六面体骰子的各面出现的平均值与理论概率的比较

再次检查式（1.10）。这次从另外一个观点来说明它的平均值与期望值的关系。

显然，式（1.10）的第 1 行和第 2 行在数学上相等。但是"物理"上的含义完全不同。第 1 行的公式中，为了探索骰子的各面会出现几次，会出现一直掷骰子的样子，动态探索的画面感很强。与此相对的，第 2 行的公式是把骰子的各面出现的次数除以总次数。做了除法后，次数后面的单位"次"被约分。简而言之就是，经过第 2 行的公式处理，"次"这个单位就没有了。"次"是动态探索时出现的单位。式（1.10）的第 2 行的公式没有了"次"，给人的印象就是，它不依赖动态探索，追求的是骰子各面的普遍静态性质（图 1.5）。

$$\frac{1}{总次数（次）} \times \sum_{i=1}^{6} 骰子\ i\ 的值 \times 骰子\ i\ 出现的次数（次）　\longleftarrow　\text{"动态的""探索性的"}$$

$$= \sum_{i=1}^{6} 骰子\ i\ 的值 \times \frac{骰子\ i\ 出现的次数（\cancel{次}）}{总次数（\cancel{次}）}　\longleftarrow　\text{"静态的""性质的"}$$

图 1.5　从"动态的"和"静态的"两种视角来看的平均值计算式

"次"这个单位被约分以后，$\dfrac{骰子\ i\ 出现的次数}{总次数}$ 的结果与期望值的计算式（1.9）的概率相对应。从这些观点可以得出以下结论。

（1）平均值的计算公式同时具有动态探索和不变的静态性质（概率）两种性质，并且，平均值表现出了从动态探索到不变的静态性质的变化。

（2）平均值的计算公式的一部分可以看作是概率的计算，所以可以作为计算期望值的近似公式使用。

（3）如果将平均值计算中与概率相对应的部分替换为概率 $P(x)$，就能简单地转化为期望值的计算公式。

（4）期望值的计算是指使用静态性质（概率）的计算，如果事先知道概率，则是可以计算的；但是如果不知道概率，就不能计算期望值了，并且，也不能简单地从期望值的计算公式转化为平均值的计算公式。

本书以上述结论为依据，从平均这一概念来阐明强化学习的各种原理、基本概念及计算方法。

1.2　平均值和价值

如 1.1 节所述，平均值表示动态探索获得的静态性质。本节将通过具体的例题来说明静态性质的"价值"与平均值的内在等价性。提到价值，最容易关联和理解的就是"金钱"。在一般的强化学习的书中，此处通常会提到多臂老虎机的问题（强化学习的经典问题之一，会在第 2 章中详细讲述），但在本节的例题中，我会继续讲述 1.1 节中的骰子问题。同时，为了具备多臂老虎机问题的要素，要在骰子问题的设定和假设条件上下功夫。

例 5　宫崎正在玩空心骰子游戏。空心骰子分别为 1 点骰子、2 点骰子、…、6 点骰子，共 6 种骰子。掷骰子的话，钱就会从骰子里掉出来。从每个骰子面掷出钱的空心骰子的游戏示意图如图 1.6 所示。因为骰子是不透明的，宫崎看不到骰子里有多少钱。怎样才能在这 6 种骰子中找到价值最高，即金额最高的骰子呢？

骰子		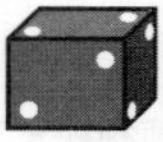				
藏在骰子里的钱	90日元	30日元	100日元	70日元	120日元	80日元

图 1.6　从每个骰子面掷出钱的空心骰子的游戏示意图

解说

首先，说明一下这个问题的特点。

特点 1： 这次的骰子和 1.1 节中的骰子有很大不同。1.1 节中的骰子的种类是一种，表示点数的是这一种骰子的 6 个面，而这次的骰子有 6 种，并且每个骰子的 6 个面上都是相同的点数，并且骰子里面有钱。因此，每个骰子的价值不同，掷骰子的意义也不同。1.1 节的情况是，每次掷骰子都会掷出不同的一面。在例 5 中，掷骰子的目的仅仅是取出骰子里的钱。

特点 2： 每个骰子里都有固定金额的钱，即掷出的钱只有一种。

那么，现在的问题是宫崎如何才能在 6 种骰子中找到价值最高的骰子。解法非常简单。按顺序掷骰子的话，每个骰子都会掷出钱。掷 6 次后，发现第 5 个骰子是 120 日元，所以就知道第 5 个骰子的价值最高。基于以上内容，下面来看例 6。

例 6　宫崎在玩空心骰子游戏。空心骰子分为 1 点骰子、2 点骰子、…、6 点骰子，共 6 种骰子。掷骰子的话，钱就会从骰子里掷出来。从每个骰子掷出的钱的分布如图 1.7 所示。因为骰子是不透明的，所以宫崎看不到骰子里的钱。怎样才能在这 6 种骰子中找到价值最高，即金额最高的骰子呢？

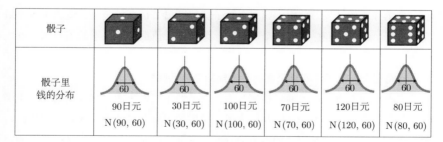

图 1.7　从每个骰子掷出的钱的分布

解说

虽然例 6 和例 5 的题目相同，但有一点是不同的。

首先说明一下这个问题的特点。特点 1 与例 5 完全相同，但是特点 2 就大不相同。这次，每个骰子里的钱不是一种，而是连续变化的金额。为了把问题简单化，假设金额变化的偏差是高斯分布或正态分布。偏差的幅度固定为 60 日元，正态分布通常用 $N(\mu, \sigma)$ 表示。其中，μ 是描述平均数的符号；σ 是描述偏差（方差）的符号。

图 1.7 是从每个骰子掷出的钱的分布。所有的这些信息，作为问题设定者当然都知道，但是宫崎事先完全不知道。那么，宫崎怎样才能找到价值高的骰子呢？宫崎不知道哪个骰子价值最高，所以谁都会想到和例 5 一样先按顺序掷骰子。图 1.8 的第 1 轮中记录了结果。

掷骰子时，骰子里的钱就会按高斯分布的概率出现。中间值出现的概率很高，但不能保证一掷必出，第 1 轮的结果反映的就是这点。从掷出的金额来看，第 4 个骰子的价值看似最高，但正确答案是第 5 个骰子的价值最高，而它在第 1 轮的排名是第 3。这个结果与例 5 有根本的不同。

在例 5 的情况下，宫崎只需每个骰子掷一次就能找到正确答案是第 5 个骰子。但是在例 6 中，每个骰子只掷一次并不知道哪个骰子的价值更高。如果每个骰子掷一次后宫崎就去报告结果，当然会被认为是错误的。因此，只好把每个骰子再掷一次。但是，宫崎学到的是，不能 100% 相信按骰子掷出的数值进行排序。

宫崎把每个骰子又掷了一次，结果如图 1.8 中的第 2 轮中所记录的。这次的结果是第 5 个骰子的价值最高。但是，宫崎从之前的经验中学到了很多，所以他避免下结论说这是绝对正确的。宫崎采取的策略是，把每个骰子再各掷一次，从而得到第 3 轮的结果。这次，第 3 个骰子竟然掷出了很高的金额，变成了价值最高的骰子。每次按顺序掷出 6 个骰子时，该轮中价值最高的骰子的编号都会发生变化。

宫崎完全混乱了。如果是你，会怎样帮助宫崎呢？

下面把问题再整理一遍。在例 5 中，每个骰子只掷一次，宫崎就找到了正确答案是第 5 个骰子。为什么呢？因为骰子里的钱只有一种金额，无论掷多少次，骰子中掷出的金额都是不变的，所以判断起来非常简单。但是，这次掷骰子的金额并不固定，所以每次掷出的金额都不一样，根据动态变化的金额来判断是不可能的。一般来说，人们为了作出正确的判断，需要（即使是暂时的）不变性的根据。因此，必须将这种动态变化的现象改变为具有不变的静态性质的现象。这正是 1.1 节中所总结的平均值计算公式的结论 1。

N(90,60)	N(30,60)	N(100,60)	N(70,60)	N(120,60)	N(80,60)	
65						第 1 轮
	45					
		95				
			100			
				85		
					55	
120						第 2 轮
	19					
		85				
			90			
				130		
					68	
98						第 3 轮
	35					
		130				
			50			
				89		
					86	
平均：94.3	平均：33.0	平均：103.3	平均：80.0	平均：101.3	平均：69.7	3 次的平均
平均：89.3	平均：30.9	平均：100.3	平均：69.5	平均：121.6	平均：80.5	15 次的平均
平均：89.8	平均：30.2	平均：100.1	平均：69.8	平均：120.6	平均：80.1	20 次的平均

图 1.8　空心骰子游戏的实验结果和统计平均

　　给宫崎一个提示"使用平均这个道具会怎么样呢？"然后，宫崎就把每个骰子掷了 3 次的平均结果整理出来，如图 1.8 所示。虽然结果有偏差的地方，但大体上都表示了原来骰子的价值顺序。而且宫崎很有干劲，继续掷骰子。当然，骰子掷出来的金额依然是动态变化的，平均值的变动却不是，到 15 次为止的平均值和到 20 次为止的平均值几乎没有变化，表明它们正在趋于收敛（收敛是指平均值保持不变），这反映了每个骰子的真正价值。从收敛后的平均值来看，宫崎自信地报告了第 5 个骰子是最有价值的结果。当然，可喜可贺，它是正确答案①。

----

① 在例 6 中均等地掷出每个骰子，找到了价值最大的骰子。但是，当改变条件，将掷骰子的次数限定为 120 次，然后寻找每个骰子掷出的金额之和最大的掷骰子方法时，就会发现这种均等地掷骰子是不明智的。在这种情况下，第 2 章中介绍的方法就显得尤为重要。

综上所述，价值与平均值紧密相连。实际上，求"价值"的问题与例 6 的条件相同，而不是例 5。想求的是某一件"东西"的价值，但能体现其价值的内容有很多。而且，每次试验只能获得其价值的一部分，并且得到的局部图都在动态变化。正如盲人摸象这则寓言所比喻的，用动态变化的局部图来判断整体图是错误的。平均值可以将动态变化的局部图转化为不变的性质，表示出真正的价值。

强化学习是一门处理价值的学问。这说明，虽然这些概念大家都很熟悉，但想要准确理解却发现其意外的复杂。在很多强化学习的书籍中，跳过平均值，唐突地引入价值，这是理解强化学习时感觉困难的最大原因。

总结

（1）真正的价值通常是未知的，我们只知道通过探索得到的局部元素。

（2）平均值可以使用动态的探索结果来求出不变的真正价值。

（3）因为平均值反映了价值，所以平均值高的东西也可以说是价值高。

（4）价值高的东西可以说有很高的平均值。

1.3 平均值和马尔可夫性

1.2 节介绍了平均值的概念、平均值和期望值的不同，以及为什么可以用平均值来表示价值。接下来，本节将对平均值与马尔可夫性的关系进行说明。

马尔可夫性（Markov property，MP）是理解马尔可夫决策过程最重要的概念。它是这样定义的：

"马尔可夫性是概率论中概率过程所具有的一种特性，即其过去的未来状态的条件概率分布只依赖于当前状态，而不依赖于过去状态。"

马尔可夫决策过程（Markov decision process，MDP）是基于 MP 构建的概念。理解 MDP 可以说是为了理解强化学习的核心内容——动态规划法、蒙特卡罗方法以及 TD 方法等（后面会详细叙述）必须克服的第一个难关。

关于 MDP，一般都是按照状态转移概率→马尔可夫性→马尔可夫奖励过程→马尔可夫决策过程这样的流程来说明，但是对于描述不确定性建模的数学概念，很多人会觉得难度很大。在本书中，为了让大家更容易理解 MDP，使用平均值简单易懂地说明了复杂的数学概念 MP。

1.3.1　平均值的计算公式及其变形

1. 对"过去"的平均值

首先，将例 1 和例 2 中使用的平均值计算公式扩展到一般的平均值公式。

$$\bar{X}_2 = \frac{X_1 + X_2}{2}$$

$$\bar{X}_3 = \frac{X_1 + X_2 + X_3}{3}$$

$$\cdots \tag{1.11}$$

$$\bar{X}_{t-1} = \frac{X_1 + X_2 + X_3 + \cdots + X_{t-1}}{t-1}$$

$$\bar{X}_t = \frac{X_1 + X_2 + X_3 + \cdots + X_t}{t}$$

对上述的平均值表示法可以进行如下变形。

$$
\begin{aligned}
\bar{X}_t &= \frac{X_1 + X_2 + X_3 + \cdots + X_{t-1} + X_t}{t} \\
&= \frac{(t-1)\bar{X}_{t-1} + X_t}{t} \\
&= \frac{t-1}{t}\bar{X}_{t-1} + \frac{1}{t}X_t \\
&= \bar{X}_{t-1} + \frac{1}{t}(X_t - \bar{X}_{t-1})
\end{aligned}
\tag{1.12}
$$

以上的计算，从样本数据 X 的时间顺序来看，为了计算 $\bar{X}_t$，使用了到时刻 t 为止的样本数据（X_1，X_2，$\cdots$，X_t），因此可以定义为相对于"过去"的平均值（图 1.9）。与此相对，"将来"的平均值也可以像以下内容一样简单地定义。

图 1.9　"过去"的平均值概念图

2. 对"将来"的平均值

$$\bar{X}_1 = \frac{X_2 + X_3 + \cdots + X_{N-1} + X_N}{N-1}$$

$$\bar{X}_2 = \frac{X_3 + X_4 + \cdots + X_{N-1} + X_N}{N-2}$$

$$\bar{X}_3 = \frac{X_4 + X_5 + \cdots + X_{N-1} + X_N}{N-3}$$

$$\cdots$$

$$\bar{X}_{t-1} = \frac{X_t + X_{t+1} + \cdots + X_{N-1} + X_N}{N-(t-1)}$$

$$\bar{X}_t = \frac{X_{t+1} + X_{t+2} + \cdots + X_{N-1} + X_N}{N-t}$$

（1.13）

在上述的平均值表示法中，时刻 $t=1$ 的平均值作为"将来"（$t=2$ 或更高）能得到的全部样本值（X_2，X_3，$\cdots$，X_{t-1}，X_t）的平均值计算。为了对"将来"取得平均值，必须确定一个终点，所以将终点时刻设为 N（图 1.10）。

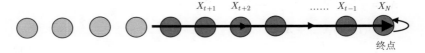

图 1.10 "将来"的平均值概念图

式（1.13）的平均表示法可以进行如下变形。

$$\bar{X}_1 = \frac{X_2 + (N-2)\bar{X}_2}{N-1}$$

$$= \bar{X}_2 + \frac{1}{N-1}(X_2 - \bar{X}_2)$$

$$\bar{X}_2 = \frac{X_3 + (N-3)\bar{X}_3}{N-2}$$

$$= \bar{X}_3 + \frac{1}{N-2}(X_3 - \bar{X}_3)$$

$$\cdots$$

$$\bar{X}_t = \bar{X}_{t+1} + \frac{1}{N-t}(X_{t+1} - \bar{X}_{t+1})$$

（1.14）

$$= \frac{N-t-1}{N-t}\bar{X}_{t+1} + \frac{1}{N-t}X_{t+1}$$

（1.15）

3. 两种平均值

虽然两种平均值的计算似乎完全一样，但是仔细观察会发现大有不同。式（1.12）使用第 $t-1$ 个平均值 $\bar{X}_{t-1}$ 来更新第 t 个平均值 $\bar{X}_t$，而式（1.15）则使用第 $t+1$ 个平均值 $\bar{X}_{t+1}$ 来更新第 t 个平均值 $\bar{X}_t$。另外，式（1.12）使用"过去"的平均值来更新当前的平均值 $\bar{X}_t$，而式（1.15）使用"将来"的平均值来更新当前的平均值 $\bar{X}_t$。

式（1.15）在道理上很容易理解，但强化学习的关键在于，"将来"的平均值到底指的是什么，以及如何求出这个平均值。因为这是非常重要的概念，所以在 1.4 节会详细说明，包括价值函数的表示与贝尔曼方程的关系。

如果进一步观察这个式，就会发现其中还蕴含着很深的"哲学"。原本的平均值计算，如果用式（1.13）表示，会涉及从样本 X_1 到 X_N 的所有数据，但是用式（1.15）来表示的话，在形式上只涉及第 t 数据和第 $t+1$ 个数据。这个现象，完美地说明了那个难以理解的 MDP 的最核心概念 MP。

从 1.3.2 小节开始，将引入 MP 的概念进行比较说明。

1.3.2　逐次平均值表达和 MP

MP 是概率论中概率过程所具有的一种特性，其过去的未来状态的条件概率分布只依赖于当前状态，而不是过去状态。这句话用数学公式表示如下。

例如，假设有以下时间序列数据。

$$\{x_1, x_2, x_3, \cdots, x_{N-1}, x_N\} \tag{1.16}$$

在 x_N-1 的数据中，关于将来（下一步）的 x_N 这一数据的特性，本来应该依赖于过去的所有数据，用公式表示为

$$P(x_N | x_1, x_2, x_3, \cdots, x_{N-1}) \tag{1.17}$$

利用马尔可夫性的话，根据马尔可夫定义可知，x_N 的数据就是当前的数据 x_N-1，公式如下所示。

$$P(x_N | x_1, x_2, x_3, \cdots, x_{N-1}) = P(x_N | x_{N-1}) \tag{1.18}$$

关于这个公式成立的原理，一般来说是非常难以接受的概念。现在利用平均值这个概念来证明这个公式是成立的。把数据 x_N 换成 $\bar{X}_N$ 来表示。

$$P(\bar{X}_N|\bar{X}_1,\bar{X}_2,\bar{X}_3,\cdots,\bar{X}_{N-1}) = P(\bar{X}_N|\bar{X}_{N-1}) \tag{1.19}$$

P 作为概率函数来处理也没有问题，所以如下所示。

$$f(\bar{X}_N|\bar{X}_1,\bar{X}_2,\bar{X}_3,\cdots,\bar{X}_{N-1}) = f(\bar{X}_N|\bar{X}_{N-1}) \tag{1.20}$$

确实，作为数据，存在 $\bar{X}_1,\bar{X}_2,\bar{X}_3,\cdots,\bar{X}_{N-1}$，但是如果使用逐次平均值的公式，则如下所示。

$$\bar{X}_N = \bar{X}_{N-1} + \frac{1}{N}(X_N - \bar{X}_{N-1}) \tag{1.21}$$

其中，$\bar{X}_N$ 是第 N 次探索得到的样本值，所以也可以作为常数处理。

$$\bar{X}_N = f(\bar{X}_{N-1}) \tag{1.22}$$

可以看出 $\bar{X}_N$ 的值只依赖于 $\bar{X}_{N-1}$ 的值。在表示 $\bar{X}_N$ 和 $\bar{X}_{N-1}$ 的概率依赖关系时，应该表达为 $P(\bar{X}_N|\bar{X}_{N-1})$，而不是 $P(\bar{X}_N|\bar{X}_1,\bar{X}_2,\bar{X}_3,\cdots,\bar{X}_{N-1})$。

从结论来看，如果使用平均值表示，可以直接证明 MP 的合理性。另外，如 1.2 节所述，如果从平均值和价值的等价性引入价值函数，就会发现 MP 是合理的。而且，如果使用平均值的理论收敛值，即期望值，MP 当然也是合理的。如果有这方面的基础知识，就可以知道为什么在后述的贝尔曼方程式的 MDP 概念中引入期望值和价值函数来进行说明，就能顺利地理解强化学习的核心内容了。

1.4 用平均值推导贝尔曼方程

1.4.1 平均值表达和价值函数的引入

使用 1.2 节中说明的平均值与价值的等价性，对前面提到的 "过去" 的平均值公式，即式（1.12）进行 $\bar{X} \to V$ 的恒等变换，如式（1.23）所示。这是用价值计算价值的形式。从数学的定义来看，价值是具有独立变量的函数，所以价值被称为价值函数。接下来就把 V 称为价值函数。

$$V_{t+1} = V_t + \frac{1}{t+1}(X_{t+1} - V_t) \tag{1.23}$$

从式（1.23）可以看出，价值函数的表达式中不仅有价值，还有样本值 X。在这里样本值 X 称为"奖励"。准确地说，价值函数可以说是具有价值和奖励两个变量的函数。但是，大多数情况下，价值函数的表达式中出现的奖励都是 0 或常数，所以将价值函数定义为只有价值变量的函数也可以说是基本正确的。

将式（1.23）简单展开一下。

$$V_{t+1} = V_t + \frac{1}{t+1}(X_{t+1} - V_t)$$

$$V_t = V_{t-1} + \frac{1}{t}(X_t - V_{t-1})$$

$$V_{t-1} = V_{t-2} + \frac{1}{t-1}(X_{t-1} - V_{t-2}) \qquad (1.24)$$

$$\dots$$

$$V_2 = V_1 + \frac{1}{2}(X_2 - V_1)$$

$$V_1 = X_1$$

在 1.3.1 小节中，提到了过去的平均值，这意味着根据过去的数据更新当前的平均值。至于要追溯过去到多久，式（1.24）中包含了时间轴的概念，即追溯到第 1 个样本值 X_1。看似在说明一件非常困难的事情，但实际上这个计算规则对应的是我们平时在评价一个人的价值时，无意识中使用的标准。

在对进入公司 10 年的员工 A 进行公司内部的价值评价时，通常会对员工 A 在过去 10 年间为公司作出了多大贡献的定量结果和定性结果进行平均。这是非常普通的计算。这就是式（1.23）的含义。

接下来，就要进入强化学习中最重要的部分了。前面提到的对于"将来"的平均值也有一个计算公式，所以如果用同样的方法进行 $\bar{X} \to V$ 的恒等变换的话，则式（1.15）变成如下形式。

$$V_t = V_{t+1} + \frac{1}{N-t}(X_{t+1} - V_{t+1}) \qquad (1.25)$$

按与式（1.24）相同的方式展开式（1.25）。

$$V_t = V_{t+1} + \frac{1}{N-t}(X_{t+1} - V_{t+1})$$

$$V_{t+1} = V_{t+2} + \frac{1}{N-t-1}(X_{t+2} - V_{t+2})$$

$$V_{t+2} = V_{t+3} + \frac{1}{N-t-2}(X_{t+3} - V_{t+3})$$

$$\cdots$$

$$V_{N-1} = V_N + \frac{1}{1}(X_N - V_N)$$

$$V_N = 0$$

（1.26）

在 1.3 节中，使用了对"将来"的平均值这一表示方式，可能有些抽象难懂，在这里，将平均值替换成用价值表示。式（1.25）就是对将来的时间轴求当前的价值，如图 1.11 所示。

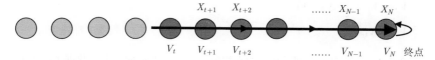

图 1.11　用价值来表示对将来的平均值计算的概念

具体来说，为了计算 t 时刻的价值 V_t，需要下一时刻，即 $t+1$ 的价值 V_{t+1} 和样本值 V_{t+1}。这样定义的价值称为"延迟价值"，是强化学习中重要的基本概念之一。而且，要注意这个 t 并不一定是时刻。关于今后将具有不同含义的 t，接下来举一个例子说明。

例 7　请按照式（1.25）对员工 A 进行 2018 — 2021 年的年度价值评价。

解说

这个问题看似很矛盾。如果要使用式（1.25），就需要 2019—2021 年度的数据。如图 1.12（a）所示，如果当前时间是 2018 年，就没有 2019 年以后的将来数据。也就是说，现在对员工 A 无法进行年度价值评价，或者现在的价值全部为 0。这样一来，式（1.25）就变成了毫无意义的计算公式。

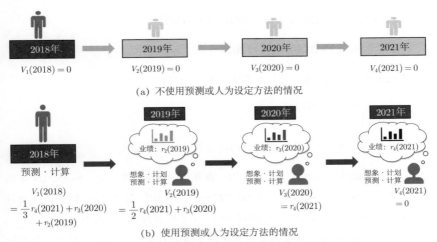

（a）不使用预测或人为设定方法的情况

（b）使用预测或人为设定方法的情况

图 1.12 员工 A 的年度价值评价

但是，如果要问有没有什么应对之策，实际上是有的。那是和天气预报一样的方法论，称为预测计算方法。天气预报采用大规模且复杂的数值预测计算，以一定的精度预测天气，但是如果必须使用复杂的计算方法才能计算出 A 员工的业绩（奖励）的话，就会失去学习强化学习的意义了[①]。然而，强化学习通过人为设定终点时间（2021 年）的奖励值，将中间的奖励全部清零，避免了估算奖励的麻烦。不过，这种方法适用于只有在终点才能获得奖励的问题（有输赢的游戏问题和后面将要讲到的网格世界问题），在应用于更普通的问题时，需要多加注意。强化学习的理论擅长评估价值和策略，但如何处理过程中的奖励问题还在研究中，请大家牢记这一点进行学习。在这里，为了保持与 1.4.2 小节内容的一致性，改变符号的表示如下。

$$x \rightarrow r, \quad r_t \rightarrow r(s_t), \quad V_t \rightarrow V(s_t), \quad s_t = 2018, 2019, 2021 \dots$$

按照上面的公式，可以计算各年度的价值 [图 1.12（b）]。

$$V(2018) = V(2019) + \frac{1}{3}\{r(2019) - V(2019)\}$$

$$= \frac{2}{3}V(2019) + \frac{1}{3}\{r(2019)\}$$

---

① 有报告显示，逆强化学习方法有望预测过程中的奖励。

$$V(2019) = V(2020) + \frac{1}{2}\{r(2020) - V(2020)\}$$

$$= \frac{1}{2}V(2020) + \frac{1}{2}\{r(2020)\}$$

$$V(2020) = V(2021) + \frac{1}{1}\{r(2021) - V(2021)\}$$

$$= \{r(2021)\}$$

$$V(2021) = 0$$

这些公式都有以下几个特点，下面将分别进行详细说明。

（1）理解最终 $V(2021) = 0$ 的原因，在强化学习中非常重要。因为 2021 年是评价的最后一年，所以现在进行的对"将来"的平均值当然是 0。同理，在对员工 A 进行评价之前，也需要理解 2018 — 2021 年度的价值初始值为 $V = 0$。

（2）考查各价值函数的系数。首先来看 $V(2018)$ 的公式，可以发现下一年度的价值 $V(2019)$ 并不是直接加在一起的，而是以一定比例（这里是 $\frac{2}{3}$）衰减后再加在上一年度的价值上。当用 $V(2020)$ 来表现 $V(2018)$ 时，衰减率会进一步增加，变成

$$V(2018) = \frac{2}{3}\Big[V(2020) + \frac{1}{2}\{r(2020) - V(2020)\}\Big] + \frac{1}{3}\{r(2019)\}$$

$$= \frac{1}{3}V(2020) + \frac{1}{3}r(2020) + \frac{1}{3}r(2019)$$

（这里是 $\frac{2}{3} \times \frac{1}{2} = \frac{1}{3}$）。衰减率的存在并不是偶然的，而是有一个非常重要的原因。也就是说，随着时间的流逝，价值会下降，这是普遍的真理，即 2018 年员工 A 的业绩对 2019 年的影响只有 6 成左右，剩下的 4 成是 2019 年努力的结果。对 2020 年的影响更小，只有 3 成左右。应该可以看出，在价值的计算中，从本年度到下一年度的价值贡献度，与根据下一年度的价值计算本年度价值时的衰减率相等。

- -

1.4.2　决策型贝尔曼方程式的推导

现在再回到式（1.25）。如果把这个式子稍作变形，就变成了式（1.27）的形式。如果忘记了这个转换方法，请参见式（1.15）。下面的 S 是指例 7 中的年度。

$$V_t = V_{t+1} + \frac{1}{N-t}(X_{t+1} - V_{t+1}) \rightarrow V_t = \frac{1}{N-t}X_{t+1} + \frac{N-t-1}{N-t}V_{t+1} \quad (1.27)$$

此外，式（1.27）的衰减系数定义为 γ，并使用 1.4.1 小节中提到的新符号表示采样值 X，可以更简洁（图 1.13）。

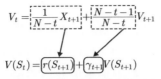

$$V_t = \frac{1}{N-t}X_{t+1} + \frac{N-t-1}{N-t}V_{t+1}$$

$$V(S_t) = r(S_{t+1}) + \gamma_{t+1}V(S_{t+1})$$

图 1.13　决策型贝尔曼方程式的推导

前面已经说过，系数部分对下一步的价值相当于当前价值的衰减率，第一项相当于下一步可以获得的奖励（图 1.13）。此外，多数情况下，衰减率都被设置成了指定的初始值。因此，式（1.28）如下所示。

$$V(S_t) = r(S_{t+1}) + \gamma_{t+1}V(S_{t+1}) \tag{1.28}$$

这是一个决策型贝尔曼（Bellman）方程式。注意式（1.28）中的 $r(S_{t+1})$ 有时会用一种简略标记 r_{t+1} 来表示。

贝尔曼方程式是强化学习的基础公式。各种强化学习理论和方法的开发基础几乎都是贝尔曼方程式。从逐次平均、价值函数的引入，再到由平均值这一概念推导出贝尔曼方程式，我们循序渐进，内容应该还算简单吧。一般的教科书都是从 MDP 推导出贝尔曼方程式，因为看不到衰减率的具体形式，以及奖励这一概念的具体形象。但是，从图 1.13 中就能看到这些抽象参数的本质。不过有一点要说明一下，那就是贝尔曼方程式前面的限定词"决策型"。一般来说，决策型的反义词是概率型。实际上，真正的贝尔曼方程式是概率型的。

离我们到达山顶，还需要一步。也就是说必须在式（1.28）中引入概率这一概念。问题是"如何引入"。

1.4.3　概率型贝尔曼方程式的推导

首先，以例 8 的迷宫为例。这个关于迷宫的例题是强化学习的基本例题，所以还是要好好地熟悉一下。

例 8　迷宫具有网格的结构。准备了 3 × 3 的网格，所以有 9 个网格的迷宫。在这个迷宫中，网格⑧被设定为终点，到达那里就能获得 20 日元的奖励。

其他的网格没有奖励。现在，宫崎位于网格点①。请表示在这个迷宫中移动的宫崎的价值函数。

解说

这个问题与例7基本相同。特别是，如果将网格的编号①、②、…、⑨替换成 2018 年、2019 年、…、2021 年，应该就可以像例 7 一样表示价值函数了。但是仔细观察后发现，这两个例子有很大不同。年度是时间的流动，不能跳跃、跳过、返回（受物理法则的限制）。而例8不同，宫崎在移动中，如果不考虑斜向移动这样复杂的行动，有上、下、左、右（U、D、L、R）移动这4种基本行动。再加上有墙壁这样的障碍物，考虑到这些因素，宫崎就会遵循图 1.14 中虚线区域所描述的行动模式移动。

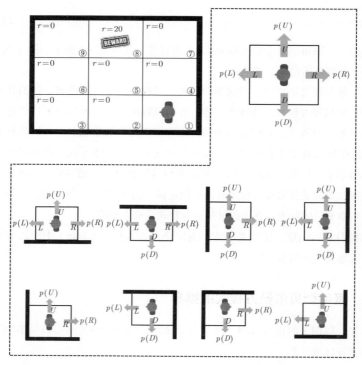

图 1.14　迷宫问题的示意图和各状态下可以采取的行动

移动只能在 U、D、L、R 这 4 种行动中选择一种进行移动。因为有墙壁的地方无法前进，所以很容易排除墙壁方向的行动，但问题是应该从剩下的选项中选择哪个呢？该往哪个方向前进呢？宫崎的烦恼正是强化学习中最大的烦恼。换句话说，强化学习是一门研究从众多行动选项中选择采取哪种行动的不确定性的学问。因为是面向未来采取行动，所以没有人能断言所采取的行动是绝对正确的还是绝对错误的。

想一想天气预报就容易理解了。没见过"明天绝对是晴天"的天气预报吧。请仔细查看天气预报网站，在"晴天"和"阴天"等表示的旁边一定会记录着"降水概率：18 点 ~ 24 点 10%"等信息。

科学地处理不确定的事情时，有个规则就是一定要引入"概率"这个概念。在例 8 中，当宫崎选择行动时，也将引入概率这个概念。这就是图 1.14 中 $p(L)$、$p(U)$ 等符号的由来，表示的是宫崎在某个网格点上、下、左、右移动的概率。将其换成天气预报的例子，如图 1.15 所示。

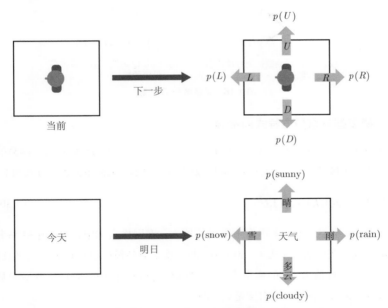

图 1.15　迷宫问题中行动的概率分布与天气预报的概率表示的相似性

既然已经引入了概率的概念，接下来就要考虑如何将其引入决策型贝尔曼方程中。首先，按照式（1.28）写出宫崎在网格点①的价值函数。

$$V(1) = \{r_2 + \gamma \, V(?)\} \tag{1.29}$$

但是，很快就发现不能简单地写出 $V(?)$ 中的状态。因为有两个选择，一个是下一步行动，另一个是往哪个方向走（假设宫崎知道不能往靠墙的方向走）。如果不能解决这个问题，就无法往下进行。

1. 行动状态价值函数 $Q(S_t, a_t)$ 引入

解决方法非常简单。问题的本质在于，像 $V(1)$ 这种价值函数 $V(S_t)$ 的表述，仅以状态"1"的是不能完全表现其价值的。对策非常简单，只要在价值函数的变量中引入行动这个要素就可以了。形式如图 1.16（a）所示。$V(1, L)$ 和 $V(1, U)$ 分别是新定义的行动状态价值函数 $V(S_t, a_t)$。为了便于区分行动状态价值函数和普通价值函数，在行动状态价值函数中，用 $Q(S_t, a_t)$ 代替 $V(S_t, a_t)$，如图 1.16 (b) 所示。

$$
\begin{array}{ll}
& V(1,L) \qquad\qquad V(1,L) \equiv Q(1,L) \\
V(1) & \\
& V(1,U) \qquad\qquad V(1,U) \equiv Q(1,U)
\end{array}
$$

(a) 使用 V 函数扩展行动状态　　(b) 使用 Q 函数表达行动状态
　　　价值函数　　　　　　　　　　　价值函数

图 1.16　V 函数和 Q 函数

2. 概率型贝尔曼方程式的推导

准备好了，继续往下进行吧。在上面的内容中，引入了行动状态价值函数的概念。因此，在状态"1"下的价值函数可以用 $V(1)$ 表示。最简单的表示方式如下。

$$V(1) = Q(1,L) + Q(1,U) \tag{1.30}$$

仔细一看，式（1.30）中有不准确的地方。在网格点①中，只能用概率来表示宫崎采取什么行动。在式（1.30）中，每一次采取各种行动的概率为 1，但这是错误的。采取行动 L、U 的概率不是 1，分别是 $p(L)$、$p(U)$，而且从概率的基本定义来看，$p(L) + p(U) = 1$ 自然是成立的。

利用这个行动概率，$V(1)$ 可以重新描述如下。

$$V(1) = p(L) \times Q(1,L) + p(U) \times Q(1,U) \tag{1.31}$$

这是状态"1"下的 $V(1)$ 的正确表示。接下来，把行动状态价值函数 $Q(1, L)$

和 $Q(1, U)$ 代入决策型贝尔曼方程中。

$$Q(1,L) = r(2) + \gamma\, V(2)$$
$$Q(1,U) = r(4) + \gamma\, V(4)$$

（1.32）

应该没有什么特别难的地方吧？如果还不习惯用 Q 函数来表示，建议参考图 1.16（b）来复习。但是，有一点值得注意，式（1.32）中的"2"和"4"这两个新状态突然出现在等式右侧。当然，这种新状态是采取某种行动后的结果，但问题是式（1.32）没有明确表示其关系。再整理一次说明那个对策。

现在，如果在状态"1"下采取行动 L，就会变成新的状态"2"，得到奖励 $r(2)$。另外还想要一个道具来表现：如果在状态"1"下采取行动 U，就会变成新的状态"4"，从而获得奖励 $r(4)$。实际上，如果使用数学中经常使用的迁移函数 $T(|)$，就可以简洁地表示出来。在图 1.17 中详细描述了在迁移函数 $T(|)$ 中纵栏的右侧和左侧分别放了什么内容。习惯这些描述是很重要的。使用迁移函数 $T(|)$ 重新表示式（1.32）。

图 1.17 迁移函数 $T\{r(S'), S'|S, a\}$ 的说明

$$Q(1,L) = T\{r(2),2\,|\,1,L\}\,[r(2) + \gamma\, V(2)]$$
$$Q(1,U) = T\{r(4),4\,|\,1,U\}\,[r(4) + \gamma\, V(4)]$$

（1.33）

虽然公式中增加了新项，但所有变量之间的关系都被明确地描述出来，所以式（1.33）的优点是表现力更强。也许有人会担心加入新的项后，式（1.33）的值会发生变化，能指出这一点非常重要。在这个例子中，只要 $T\{r(2), 2\,|\,1, L\} = 1$ 和 $T\{r(4), 4\,|\,1, U\} = 1$，应该就能完美地解决上面提出的问题。

关于迁移函数的值不为 1 的情况的讨论，将在关于"迁移概率函数"的内容中介绍。

现在有了行动状态价值函数的表示形式，只要将其代入式（1.31）中就可以计算出状态"1"的价值函数 $V(1)$。

$$V(1) = p(L) \times T\{r(S_{t+1}), S_{t+1}|1,L\}[r(2) + \gamma V(2)]$$
$$+ p(U) \times T\{r(S_{t+1}), S_{t+1}|1,U\}[r(4) + \gamma V(4)] \tag{1.34}$$

也许大家会觉得公式太长了。虽然现在只有两个行动，但如果行动的数量增加了，就不能按照式（1.34）的写法写了。但是因为它是只求和的运算，所以要想做到紧凑也很简单。

$$V(1) = \sum_{a=U,L} P(a) \sum_{S_{t+1}=2,4} T\{r(S_{t+1}), S_{t+1}|1,a\} [r(S_{t+1}) + \gamma V(S_{t+1})] \tag{1.35}$$

这是状态"1"下的价值函数 $V(1)$ 的概率型贝尔曼方程式的写法。现在，假设状态为"1"，步长 $t = 1$，如果把它们一般化，就能得到概率型贝尔曼方程式的标准写法。

$$V(s_t) = \sum_{a_t=U,L} P(a) \sum_{S_{t+1}=2,4} T\{r(S_{t+1}), S_{t+1}|S_t,a_t\} [r(S_{t+1}) + \gamma V(S_{t+1})] \tag{1.36}$$

式（1.36）看似正确，但是严格展开后无法变成式（1.34），会增加多余的项，从而产生"偏差"。接下来，将考查这个"偏差"的由来。

3. 迁移概率函数 $T\{r(S'), S'|S, a\}$ 的秘笈

可能有人会想，既然已经推导出了概率型贝尔曼方程式，还有什么未完之事吗？其实是有的。在关于"概率型贝尔曼方程式的推导"的内容中已经提到过迁移概率函数。讨论这个非常重要。对引入行动状态价值函数的理解是，行动是概率性的，这一点是强化学习中最重要的概念之一。迁移概率与行动概率具有同等的重要性。这样说是因为我们无法确定行动之后是否真的能按照计划到达目的地，这只是一件概率性的事情。因为抽象难懂，所以通过例9来说明。

例9 铃木喜欢打高尔夫球。因为打高尔夫球的时间还不长，所以即使瞄准了球洞，也很难按照计算好的行程进球。虽然如此，但也不是完全的初学者，所以在一定程度上能让球飞到目标位置。下面分析一下铃木在高尔夫球场打球时的情景吧。

为了便于理解高尔夫球场内部的位置，我们将其划分为9个网格，如图1.18所示。这样一来，就与例8中的网格问题非常相似了，这样的问题空间

称为网格世界。假设铃木目前在网格①中，想把高尔夫球从网格①打到网格⑧中。铃木有两种方法：从左侧或右侧挥杆打高尔夫球，分别命名为 π_1 和 π_2。策略之间的差异在于选择 swing＿L 和 swing＿R 的概率。此外，我们还将不同策略下的高尔夫球从网格①打到每个网格的概率总结在迁移概率表中。而且，为了便于计算，如果进入目标网格⑧，则奖励为 100 分；如果进入其他网格，则奖励为 0 分。根据以上内容，求网格①中的价值函数。

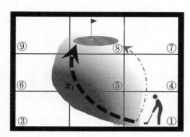

策略 π_1

Swing＿L	Swing＿R
90%	10%

迁移概率表：$T\{r(S'),\, S' \mid 1,\, \text{swing}\_L\}$

①↓①	①↓②	①↓③	①↓④	①↓⑤	①↓⑥	①↓⑦	①↓⑧	①↓⑨
0%	5%	15%	0%	30%	30%	0%	10%	10%

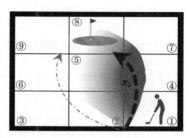

策略 π_2

Swing＿L	Swing＿R
10%	90%

迁移概率表：$T\{r(S'),\, S' \mid 1,\, \text{swing}\_R\}$

①↓①	①↓②	①↓③	①↓④	①↓⑤	①↓⑥	①↓⑦	①↓⑧	①↓⑨
0%	5%	0%	30%	30%	0%	15%	20%	0%

图 1.18 球杆的挥动方法和高尔夫球场环境使用策略 π、行动概率 $P(a)$ 以及状态迁移函数 $T\{r(S'),\, S' \mid S,\, a\}$ 的说明

解说

$$Q_{\pi_1}(1,\text{swing}\_L)_{1\to1} = T\{r(1),1|1,\text{swing}\_L\}\,[r(1)+\gamma V(1)]$$
$$Q_{\pi_1}(1,\text{swing}\_L)_{1\to2} = T\{r(2),2|1,\text{swing}\_L\}\,[r(2)+\gamma V(2)]$$
...
$$Q_{\pi_1}(1,\text{swing}\_L)_{1\to9} = T\{r(9),9|1,\text{swing}\_L\}\,[r(9)+\gamma V(9)]$$

同样

$$Q_{\pi_1}(1,\text{swing}\_R)_{1\to1} = T\{r(1),1|1,\text{swing}\_R\}\,[r(1)+\gamma V(1)]$$
$$Q_{\pi_1}(1,\text{swing}\_R)_{1\to2} = T\{r(2),2|1,\text{swing}\_R\}\,[r(2)+\gamma V(2)]$$
...

$$Q_{\pi_1}(1,\text{swing\_R})_{1 \to 9} = T\{r(9),9|1,\text{swing\_R}\}\,[r(9)+\gamma V_2(9)]$$

$$Q_{\pi_1}(1,\text{swing\_L}) = T\{r(1),1|1,\text{swing\_L}\}\,[r(1)+\gamma V(1)]+\cdots$$
$$+ T\{r(9),9|1,\text{swing\_L}\}\,[r(9)+\gamma V(9)]$$

$$Q_{\pi_1}(1,\text{swing\_R}) = T\{r(1),1|1,\text{swing\_R}\}\,[r(1)+\gamma V(1)]+\cdots$$
$$+ T\{r(9),9|1,\text{swing\_R}\}\,[r(9)+\gamma V(9)]$$

上面的最后两个公式可以用以下简化后的总和来表示。

$$Q_{\pi_1}(1,a) = \sum_{S_{t+1}=1,2,3,\cdots,9} T\{r(S_{t+1}),S_{t+1}|S_t,a\}\,[r(S_{t+1})+\gamma V(S_{t+1})] \tag{1.37}$$

另外，和例 8 一样，也可以表示如下。

$$V_{\pi_1}(1) = p(\text{swing\_L})\,Q_{\pi_1}(1,\text{swing\_L}) + p(\text{swing\_R})\,Q_{\pi_1}(1,\text{swing\_R}) \tag{1.38}$$

用总和表示式（1.38）。

$$V_{\pi_1}(1) = \sum_{a=\text{swing\_L; swing\_R}} P_{\pi_1}(a)Q_{\pi_1}(1,a) \tag{1.39}$$

将式（1.37）代入式（1.39）。

$$V_{\pi_1}(1) = \sum_{a=\text{swing\_L;swing\_R}} P_{\pi_1}(a) \sum_{S_{t+1}=1,2,3,\cdots,9} T\{r(S_{t+1}),S_{t+1}|S_t,a_t\}[r(S_{t+1})+\gamma V(S_{t+1})]$$
$$\tag{1.40}$$

将上述计算步骤直接应用到策略 π_2 中，结果如下所示。

$$V_{\pi_2}(1) = \sum_{a=\text{swing\_L;swing\_R}} P_{\pi_2}(a) \sum_{S_{t+1}=1,2,3,\cdots,9} T\{r(S_{t+1}),S_{t+1}|S_t,a_t\}[r(S_{t+1})+\gamma V(S_{t+1})]$$
$$\tag{1.41}$$

观察式（1.39）就能看见贝尔曼方程式的全貌。然后在例题中代入数值进行计算。需要注意的是"①如果目标网格⑧进球，则奖励为 100 分，其他网格为 0 分；②所有网格的价值初始值为 0"这两个初始设定条件。在这些条件下，即使有从网格①迁移到网格⑧以外的网格的概率，由于上述两个初始条件，行动状态价值函数的计算值也都是 0。因此，计算很简单，如下所示。

$$Q_{\pi_1}(1,\text{swing}\_\text{L}) = T\{r(8),8|1,\text{swing}\_\text{L}\}[\gamma V(8)+r(8)]$$
$$= 0.1 \times 100 = 10$$
$$Q_{\pi_1}(1,\text{swing}\_\text{R}) = T\{r(8),8|1,\text{swing}\_\text{R}\}[\gamma V(8)+r(8)] \qquad (1.42)$$
$$= 0.2 \times 100 = 20$$
$$V_{\pi_1}(1) = 0.9 \times 10 + 0.1 \times 20 = 11$$

$$Q_{\pi_2}(1,\text{swing}\_\text{L}) = T\{r(8),8|1,\text{swing}\_\text{L}\}[\gamma V(8)+r(8)]$$
$$= 0.1 \times 100 = 10$$
$$Q_{\pi_2}(1,\text{swing}\_\text{R}) = T\{r(8),8|1,\text{swing}\_\text{R}\}[\gamma V(8)+r(8)] \qquad (1.43)$$
$$= 0.2 \times 100 = 20$$
$$V_{\pi_2}(1) = 0.1 \times 10 + 0.9 \times 20 = 19$$

通过这个例题，读者应该能够体会到迁移概率的奥秘。可以说贝尔曼方程式的推导到此就结束了，但是例 8 和例 9 的关系可能会有读者觉得很难理解，所以再来看一下例 8。

4. 重新思考网格世界问题

迁移概率是计算行动状态价值函数 $Q_\pi(S_t, a_t)$ 时出现的参数。在例 8 中使用了迁移概率这个概念。在 1.4.3 小节的图 1.14 中，假设宫崎决定从网格①向左移动。从迁移概率的定义来看，向左移动的行动 L 所带来的状态变化是概率性的，因此通常计算移动到图 1.19 下半部分的迁移概率表的每个网格的概率。

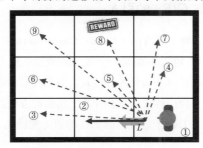

迁移概率表：$T\{r(S'), S'|1, L\}$

① ↓ ①	① ↓ ②	① ↓ ③	① ↓ ④	① ↓ ⑤	① ↓ ⑥	① ↓ ⑦	① ↓ ⑧	① ↓ ⑨
0%	100%	0%	0%	0%	0%	0%	0%	0%

图 1.19　迷宫问题中的状态迁移函数 $T\{r(S'), S' | S, a\}$ 的表示

在例 8 中，引入了迁移概率的概念。假设迁移概率为 1，可以简化计算。将这个假设应用到图 1.19 的迁移概率表中，结果就像表格中所写的数字一样。去网格②以外的网格点的概率为 0，去网格②的概率为 1。这才是例 8 中假设条件的真实情况。正因为假设了如此简单的迁移概率，才避免了像例 8 那样复杂的计算。此外，例 8 中的网格世界问题，无法像高尔夫球一样一步飞到目标网格⑧中。因为只能逐次移动，所以像例 9 所示的策略 π_1，π_2，…，将会在第 2 章以后的应用部分中介绍。

5. 动态规划法的定义

根据概率型贝尔曼方程式进行计算的方法称为动态规划法（Dynamic Programming，DP）。具体的说明和应用实例将在第 2 章中进行介绍。

图 1.20 总结了目前为止学到的决策型贝尔曼方程式、行动概率型贝尔曼方程式以及行动概率和状态转移概率型贝尔曼方程式的展开式。由于强化学习几乎都是使用逐次表达和总和表达，所以像图 1.20 那样将简化的逐次表达和总和表达详细展开来描绘公式是非常重要的。当对基本概念产生混乱时，参见图 1.20 即可。

1.5 蒙特卡罗方法的平均值推导

1.5.1 总奖励函数 $G(S_t)$ 的引入

需要强调的是，蒙特卡罗方法（Monte Carlo method，MC）并不特别依赖于 DP 方法的价值函数 $V(S_t)$，而是一个独立的概念。从本质上说，价值函数是通过逐次展开的方法推导出平均值的表达式，与此相对的蒙特卡罗方法不使用逐次展开的方法，而是一种用传统的总和计算平均值的方法。因此，蒙特卡罗方法的原理非常简单。式（1.44）是对当前采样的值（奖励），用总和计算平均值的公式。

$$\bar{X}_t = \frac{X_{t+1} + \cdots + X_{N-1} + X_N}{N-t} \tag{1.44}$$

在强化学习中，将采样值作为奖励来处理，因此不是使用总和来表示，而是使用总奖励或收益（Gain）来表示，即将 $\bar{X}_t$ 替换为总奖励函数 $G(S_t)$。G 取自 Gain 的首字母。

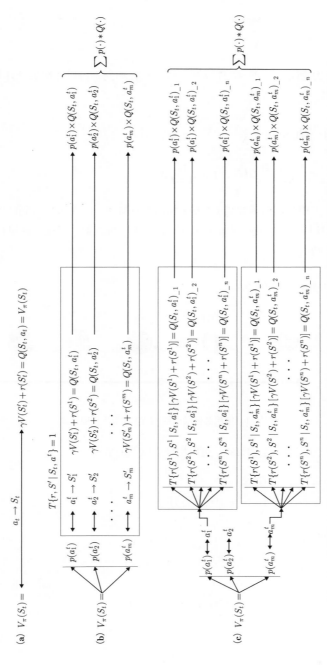

图 1.20　决策型贝尔曼方程式（a）、行动概率型贝尔曼方程式（b）、行动概率和状态转移概率型贝尔曼方程式（c）的展开式

$$G(S_t) = \frac{X_{t+1} + \cdots + X_{N-1} + X_N}{N-t} \tag{1.45}$$

如图 1.21 所示，计算 $G(S_t)$ 的示意图与 $\bar{X}_t$ 相同，可以逐次展开计算，如下所示。

$$G(S_t) = G(S_{t+1}) + \frac{1}{N-t}[X_{t+1} - G(S_{t+1})] \tag{1.46}$$

$$= \frac{N-t-1}{N-t} G(S_{t+1}) + \frac{1}{N-t} X_{t+1} \tag{1.47}$$

另外，采用与价值函数式（1.28）相同的衰减率，并将采样得到的值 X 改写为奖励 r，这样就可以进一步简化式（1.47）来进行近似。但是，这里把 $r(S_{t+1})$ 转换成了奖励 r_{t+1}。

$$G(S_t) = r_{t+1} + \gamma G(S_{t+1}) \tag{1.48}$$

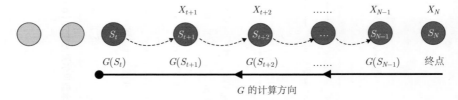

图 1.21　使用总奖励函数 $G(S_t)$ 表示平均值计算

进一步逐次展开式（1.48），可以推导出以下关系式。

$$
\begin{aligned}
G(S_t) &= r_{t+1} + \gamma G(S_{t+1}) \\
&= r_{t+1} + \gamma[r_{t+2} + \gamma G(S_{t+2})] \\
&= r_{t+1} + \gamma r_{t+2} + \gamma^2 G(S_{t+2}) \\
&= r_{t+1} + \gamma r_{t+2} + \gamma^2[r_{t+3} + \gamma G(S_{t+3})] \\
&= r_{t+1} + \gamma r_{t+2} + \gamma^2 r_{t+3} + \gamma^3 G(S_{t+3}) \\
&\quad \cdots \\
&= r_{t+1} + \gamma r_{t+2} + \gamma^2 r_{t+3} + \cdots + \gamma^{N-1} r_{t+N} \\
&= \sum_{i=0,1,\cdots,N} \gamma^i r_{t+i+1}
\end{aligned} \tag{1.49}
$$

从式（1.49）可以看出，$G(S_t)$ 应该被称为总奖励函数。

图 1.22 具体展示了每种状态下总奖励 $G(S_t)$ 的计算以及每种状态下的平均值 $v(S_t)$。关于 $V(S_t)$ 将在 1.5.3 小节中详细说明。

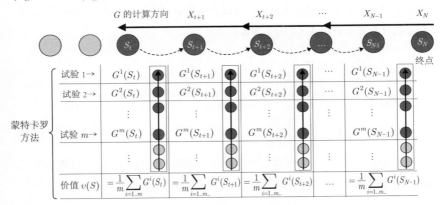

图 1.22　使用总奖励函数 $G(S_t)$ 进行平均值计算的详细过程

在图 1.23 中展示了"将来"的平均值计算的示意图。这里需要注意的是，式（1.48）的总奖励函数 $G(S_t)$ 的表达式与式（1.28）的价值函数 $V(S_t)$ 的表达式的形式完全相同。那么，总奖励函数 $G(S_t)$ 与价值函数 $V(S_t)$ 到底有什么不同呢？通彻理解表达方式相同的总奖励与价值函数之间的差异，是强化学习中的重要的一步。因为很重要，所以要好好说明。

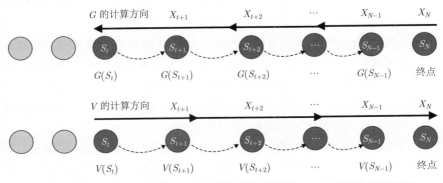

图 1.23　使用总奖励函数 $G(S_t)$ 表示平均值计算与使用价值函数 $V(S_t)$ 表示平均值计算的比较

1.5.2　总奖励函数 $G(S_t)$ 与价值函数 $V(S_t)$ 的比较

（1）总奖励函数 $G(S_t)$ 的计算只能以总和的形式进行。与此相对，价值函数 $V(S_t)$ 的概念并没有被定义为总和，所以在强化学习中不存在式（1.50）的表达。$V(S_t)$ 的计算必须使用式（1.51）来逐次表达。

$$G(S_t) = \frac{X_{t+1} + \cdots + X_{N-1} + X_N}{N - t}$$

$$V(S_t) \neq \frac{X_{t+1} + \cdots + X_{N-1} + X_N}{N - t} \tag{1.50}$$

$$V(S_t) = \gamma V(S_{t+1}) + r_{t+1} \tag{1.51}$$

（2）价值函数 $V(S_t)$ 是逐次展开计算的。前面已经说过 $G(S_t)$ 是逐次展开式，那么这个逐次展开式到底有什么意义呢？首先，$G(S_t)$ 展开式如下。

$$G(S_t) = G(S_{t+1}) + \frac{1}{N-t}[X_{t+1} - G(S_{t+1})] \tag{1.52}$$

$$G(S_{t+1}) = G(S_{t+2}) + \frac{1}{N-t-1}[X_{t+2} - G(S_{t+2})] \tag{1.53}$$

...

$$G(S_{N-2}) = G(S_{N-1}) + \frac{1}{2}[X_{N-1} - G(S_{N-1})] \tag{1.54}$$

$$G(S_{N-1}) = G(S_N) + \frac{1}{1}[X_N - G(S_N)] \tag{1.55}$$

上述公式的展开形式与价值函数的式（1.25）和式（1.26）的展开形式相同。区别就在于计算的顺序。总奖励函数 $G(S_t)$ 的计算即使采用了逐次表达，在计算时，也必须以反向传播的形式进行计算。按式（1.55）→式（1.54）→式（1.53）→式（1.52）这样进行[1]。换句话说，虽然采取了逐次表达，但仍遵循着一次试验结束后所有奖励都出来后再计算的规则。

与此相对，价值函数 $V(S_t)$ 的计算是每一步都会更新的，以正向传播的形式向终点前进（图1.23）。因此，虽然用蒙特卡罗方法探索到的奖励是可靠的，但是试验时间比较长。而价值函数 $V(S_t)$ 的计算是一边预测一边计算的，所以计算过

---

[1] 与学习神经网络时的误差反向传播原理相同。

程中精度较低，但是可以随时更新参数，计算速度很快。在第 2 章以后的应用部分中，将进一步详细比较这两种方法的不同。

1.5.3　总奖励函数 $G(S_t)$ 平均值的价值函数 $v(S_t)$

从总奖励函数 $G(S_t)$ 的定义可以看出，在每次试验结束后，可以根据获得的奖励计算各状态下的总奖励函数 $G(S_t)$。当然，每次试验计算出的 $G(S_t)$ 都不一样。利用每次试验得出的不同 $G(S_t)$ 的平均值，可以表示某个状态的价值。这就是图 1.22 所示的 $v(S_t)$，计算公式如下：

$$v(S_t) = \frac{1}{m} \sum_{i=1,\cdots,m} G^i(S_t) \tag{1.56}$$

式（1.56）表示在状态 S_t 下，用 m 次试验获得的总奖励 $G(S_t)$ 之和计算平均值。另外，为了与 1.5.2 小节中说明的贝尔曼方程式中的价值函数 $V(S_t)$ 区别开来，这里用 v 来代替 V。$v(S_t)$ 与 $V(S_t)$ 的区别将在 1.6 节 TD 方法的推导中详细说明。

因为 $v(S_t)$ 的平均值计算是古典的平均值计算，所以没有什么将来平均值的概念。为什么这么说呢？因为它总是计算相同状态 S_t 的平均值。在第 i 次试验结束后，计算出新总奖励函数 $G^i(S_t)$ 时，$v(S_t)$ 的值都会被更新。使用了 1.3 节中说明的对"过去"的平均值的计算公式。如果参考式（1.23），那么式（1.56）的逐次展开计算也能简单表达，如下所示。

$$v^i(S_t) = v^{i-1}(S_t) + \frac{1}{i}\big[G^i(S_t) - v^{i-1}(S_t)\big] \tag{1.57}$$

式（1.57）的表现力很高，但缺点是使用的变量较多，容易造成混乱，所以需要在这个方面稍加改进。式（1.57）的含义也可以理解成是重复计算出的新 $v^i(S_t)$ 替换旧 $v^{i-1}(S_t)$ 的过程。这个将新值重复代入旧值的过程可以表示如下。

$$v(S_t) \leftarrow v(S_t) + \frac{1}{i}[G(S_t) - v(S_t)] \tag{1.58}$$

再将式（1.58）中的 $\frac{1}{i}$ 换成机器学习中常用的超参数（执行计算时预先指定值的参数）学习率 α，则如式（1.59）所示。

$$v(S_t) \leftarrow v(S_t) + \alpha[G(S_t) - v(S_t)] \tag{1.59}$$

通过引入 "←"，可以省略表示时间序列的变量 i。需要再强调一遍，这是相同状态下的平均值更新才能使用的技巧。

以上介绍了蒙特卡罗方法的基本概念和原理。对于还没有印象的人来说，通过从第 2 章开始的应用部分的示例，应该也能了解蒙特卡罗方法的全貌。

 # 1.6　用平均值推导 TD 方法

1.6.1　TD(0) 方法的计算公式的推导

TD（Temporal difference，时间差学习法）方法，通过名字来解读该方法的原理是非常困难的。关于 TD 方法的解释，在网上可以查到很多，最简单的解释就是将蒙特卡罗方法和动态规划法融合在一起。在本书中，使用 1.5.3 小节中说明的总奖励函数 $G(S_t)$ 的平均值函数 $v(S_t)$ 推导出 TD 方法。

下面对 TD(0) 方法进行说明。

首先再解释一遍最重要的概念。$v(S_t)$ 和 $V(S_t)$ 的区别到底在哪里呢？从式（1.59）中可以看出，$v(S_t)$ 的计算公式中出现了 $G(S_t)$，所以就有了一个限制，即必须结束一次试验才能更新。而 $V(S_t)$ 则没有这样的限制。如式（1.28）所示，可以用 $r_{t+1} + V(S_{t+1})$ 的计算逐步更新。但是，在动态规划法中，计算 $V(S_t)$ 也需要相当多的试验次数，这个问题将在第 2 章以后的应用部分中进行详细说明。动态规划法中停止试验的条件为：在各状态下，上次和下次的价值函数基本相等。也就是说，当行动状态价值函数值不再变化时，判断系统收敛，并停止重复试验。图 1.24 展示了蒙特卡罗方法和动态规划法、概率型贝尔曼方程式的执行原理。

有了以上背景知识，TD(0) 方法的推导就非常简单了。虽然 $G(S_t)$ 的计算有在试验结束后才进行的缺点，但 $V(S_t)$ 可以逐步进行更新。作为一个简单的设想，使用 $V(S_t)$ 进行近似就可以了，这是 TD(0) 方法的基础。

$$G(S_t) \approx V(S_t) = r_{t+1} + \gamma V(S_{t+1}) \tag{1.60}$$

将式（1.60）代入 1.5.3 小节推导出的式（1.59）中。

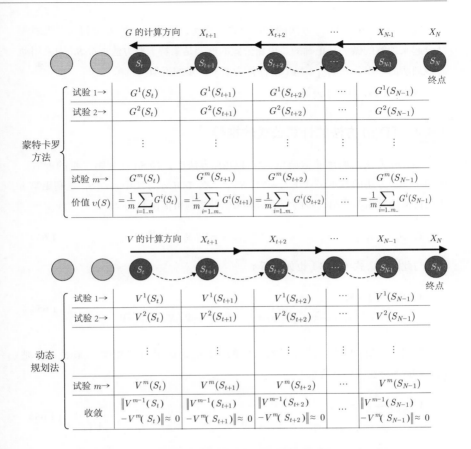

图 1.24　使用蒙特卡罗方法的平均值计算和使用动态规划法的价值计算的比较

$$v(S_t) \leftarrow v(S_t) + \alpha[\{r_{t+1} + \gamma V(S_{t+1})\} - v(S_t)] \tag{1.61}$$

式（1.61）中的 $v(S_t)$ 原本是为 $G(S_t)$ 定义的价值函数，但由于 $G(S_t)$ 是使用 $V(S_t)$ 进行近似的，因此 $v(S_t)$ 作为 $V(S_t)$ 的函数，定义如下所示。

$$v(S_t) \equiv V(S_t) \tag{1.62}$$

将式（1.62）代入式（1.59）中。

$$V(S_t) \leftarrow V(S_t) + \alpha[\{r_{t+1} + \gamma V(S_{t+1})\} - V(S_t)] \tag{1.63}$$

式（1.63）是 TD(0) 方法的基本公式。确实，将蒙特卡罗方法和动态规划法结合起来理解的做法是正确的。更新公式的框架是蒙特卡罗方法，$G(S_t)$ 则采用动态规划法的基本公式 $r_{t+1} + \gamma V(S_{t+1})$ 作为对下一步的近似。

接下来说明 TD(n) 方法。

1.6.2　TD(n) 方法的计算公式的推导

TD(n) 方法的原理非常简单。在 TD(0) 方法中，$G(S_t)$ 作为第二步的近似，使用了 DP 方法的基本公式 $r_{t+1} + \gamma V(S_{t+1})$。在 TD($n$) 方法中，$G(S_t)$ 是利用第 n 步的价值函数而不是第二步的价值函数来估计当前价值函数的。

$$G(S_t) \approx r_{t+1} + \gamma r_{t+2} + \cdots + \gamma^{n-1} r_{t+n} + \gamma V(S_{t+n}) \tag{1.64}$$

与此同时，式（1.63）也如下所示。

$$\begin{aligned} V(S_t) \leftarrow V(S_t) + \\ \alpha \big[\{ r_{t+1} + \gamma r_{t+2} + \cdots + \gamma^{n-1} r_{t+n} + \gamma V(S_{t+n}) \} - V(S_t) \big] \end{aligned} \tag{1.65}$$

如果 $G(S_t)$ 不使用动态规划法中的 $V(S_t)$，而是直接用奖励来表示，则式（1.65）将变成如下所示。

$$\begin{aligned} V(S_t) \leftarrow V(S_t) + \\ \alpha \big[\{ r_{t+1} + \gamma r_{t+2} + \ldots + \gamma^{n-1} r_{t+n} + \ldots + \gamma^{N-1} r_{t+N} \} - V(S_t) \big] \end{aligned} \tag{1.66}$$

在这种情况下，就不需要定义 $v(S_t) \equiv V(S_t)$ 了。式（1.66）的正确表示如下。

$$\begin{aligned} v(S_t) \leftarrow v(S_t) + \\ \alpha \big[\{ r_{t+1} + \gamma r_{t+2} + \cdots + \gamma^{n-1} r_{t+n} + \cdots + \gamma^{N-1} r_{t+N} \} - v(S_t) \big] \end{aligned} \tag{1.67}$$

另外，从式（1.49）可知，$G(S_t)$ 可以表示为奖励的总和。

$$G(S_t) = r_{t+1} + \gamma r_{t+2} + \cdots + \gamma^{n-1} r_{t+n} + \cdots + \gamma^{N-1} r_{t+N} \tag{1.68}$$

将式（1.68）代入式（1.67）中，如下所示。

$$v(S_t) \leftarrow v(S_t) + \alpha [G(S_t) - v(S_t)] \tag{1.69}$$

　　这又回到了传统的蒙特卡罗方法的计算公式中。在应用 TD 方法时，建议始终要考虑 $G(S_t)$ 的近似是怎样进行的。

总结

（1）可以通过平均值来表示价值。

（2）平均值的表示方式有两种：对"过去"的平均值和对"将来"的表现。

（3）"将来"的平均值表示方式与决策型贝尔曼方程式等价。

（4）要从多个候选行动中有概率地选择一个行动，需要引入行动状态价值函数 $Q(S, a)$。这种情况下的贝尔曼方程式是概率型贝尔曼方程式。

（5）动态规划法是"从对'将来'的平均值表示方法派生出来的计算方法"，蒙特卡罗方法是"从对'过去'的平均值表示方法派生出来的计算方法"，TD 方法是"以蒙特卡罗方法为基础融合动态规划法要素的计算方法"。

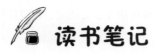

读书笔记

第**2**章

强化学习中
算法的特点及应用

▍2.0 简介

在第 1 章中，我们以平均值为基础，对强化学习的基础——总奖励和价值函数进行了说明。本章将通过标准的应用例题更深入地学习这些基本概念。强化学习的核心是 1.4 节中介绍的贝尔曼方程式。

$$V_\pi(S_t) = \sum_a \pi(a \,|\, S) \, Q(S_t, a_t) \tag{2.1}$$

式（2.1）中的 $\pi(a|S)$ 是选择策略，即选择在某个状态 S 下的行动的概率。$\pi(a|S)$ 与第 1 章中使用的行动概率表达式 $p(a)$ 的意思相同，但更正式。$Q(S_t, a_t)$ 是行动状态价值函数。第 1 章中介绍了三种计算方法的原理，其实这三种计算方法的原理都可以用式（2.1）来表示。

（1）蒙特卡罗方法

$$Q(S_t, a_t) \approx G(S_t, a_t) \tag{2.2}$$

（2）动态规划法

$$Q(S_t, a_t) = r_{t+1} + \gamma V(S_{t+1}) \tag{2.3}$$

（3）TD(0) 方法

$$Q(S_t, a_t) \leftarrow Q(S_t, a_t) + \alpha[\{r_{t+1} + \gamma Q(S_{t+1}, a_{t+1})\} - Q(S_t, a_t)] \tag{2.4}$$

虽然式（2.4）可能让人觉得违和，但只要 $Q(S_t, a_t)$ 是按行动分类的状态价值函数 $V(S_t, a_t)$ 对于所有适用于 $V(S_t)$ 的就都能适用于 $V(S_t, a_t)$。以上总结的内容如图 2.1 所示。

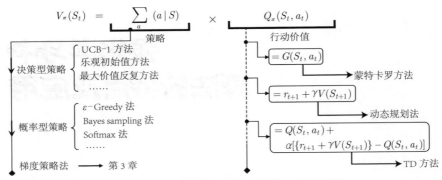

图 2.1　基于贝尔曼方程式的三种计算方法的概略图

式（2.1）中还包含策略 $\pi(a|S)$。

到目前为止，几乎没有提到策略。但是，这并不意味着策略不重要。由于策略比价值函数抽象且难以掌握，所以最好先从价值函数入门，再慢慢过渡到策略函数。因此，第 1 章中主要介绍了价值函数，但是，策略在强化学习中起到的作用是凌驾于价值函数之上的。近年来，以深度强化学习为代表的最新型强化学习算法大多数都是关于策略的研究（参见第 4 章）。

关于强化学习的策略的原理如图 2.2 所示。主要由利用和探索构成，分别对应英文 Exploitation 和 Exploration。因为英语更容易混淆，在阅读英语文献时要注意。

图 2.2　强化学习中的"利用"和"探索"

所谓利用，是指如何利用迄今为止收集到的经验的问题。所谓探索，是指如何对待未知的世界，即如何处理从未经历过的对象的问题。这些问题都是我们平时无意识时使用的方法。

但是，如何有效地利用过去的经验，以及如何探索未知的领域，适用于这些课题的数学处理部分，可以说是对强化学习中的策略进行研究的中心课题。

本章主要通过强化学习的经典问题——多臂老虎机问题（multi-arm bandit problem），说明最基本的强化学习策略的原理和应用。多臂老虎机问题就是掌握求单一状态下各行动的行动价值函数的蒙特卡罗方法。因为状态是单一的，所以最适合用来评估表达行动概率的策略。

关于更现实的状态下的策略和行动价值函数的评估，我们将通过另一个著名的经典问题——网格世界问题来说明。要讨论的是动态规划法、蒙特卡罗方法和 TD 方法。

下面介绍如何通过多臂老虎机问题来学习策略。

2.1　强化学习中的策略 $\pi(a \mid S)$

2.1.1　多臂老虎机问题

多臂老虎机问题是强化学习中的经典问题。人们喜欢多臂老虎机问题的一大原因是它容易解释强化学习策略的基本概念和原理。

多臂老虎机问题的结构非常简单。如图 2.3 所示，有多条触手的章鱼拉动周围的 10 台"老虎机"的摇杆。老虎机是一种弹子机的游戏装置，运气好的话会有奖品。每台老虎机的中奖率和未中奖率当然是未知的。另外，虽然是多臂章鱼，但每次也只能拉动一台老虎机。而且，无论是否中奖，拉一次老虎机都必须支付成本。在这种情况下，考虑章鱼为了获得最大的奖励（奖品总和）应该制定什么样的策略。

为了让这个问题在数学上更加容易处理，在老虎机中引入了以下概率分布模型。这种数学处理与第 1 章中的例 6 非常相似。如果把空心的骰子换成老虎机的话，意思基本上是一样的[①]。

---

① 第 1 章的例 6 是寻找价值最大的骰子的问题，如果改变条件，在限定掷骰子次数的情况下，设法选择骰子让每个骰子掷出的钱的总和最大，两个问题的本质就一样了。

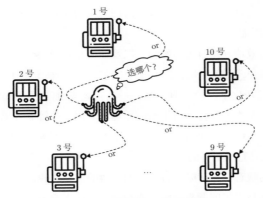

图 2.3　多臂老虎机问题的示意图

在例 6 的空心骰子中，骰子的价值（掷出的钱的平均值）是自行决定的，但在多臂老虎机问题中，每台老虎机的价值需要事先设定。这不是任意值，而是从正态分布 $N(0,1)$ 取样。如果有 10 台老虎机，就随机抽取代表每台老虎机价值的 10 个数字来指定每台老虎机的价值。拉动某台老虎机的摇杆就能获得奖励，这一点与空心骰子的示例相同，奖励就会如图 2.4 所示掉出来。

图 2.4 展示了多臂老虎机问题的具体设置和执行过程。由于价值的值是从平均值 0 采样而来的，所以得到了正（＋）和负（－）的值。因为平均值为 0，所以采样的值大致在 0 附近波动，但是像 5、–8、–4 这样离 0 很远的值，虽然概率很低，但也有可能出现。

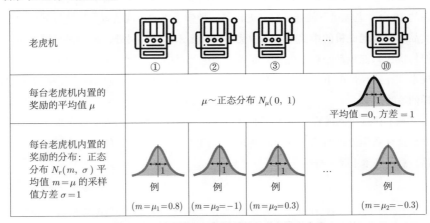

图 2.4　多臂老虎机问题的初始设定条件和内容

这样就完成了多臂老虎机的问题设定。接下来，将介绍强化学习中解决这一问题的重要基本策略。

2.1.2　ε-Greedy 策略

ε-Greedy 策略是强化学习中最简单、最常用的算法。如果将 ε-Greedy 策略应用于强化学习的利用和探索，并应用于图 2.4 中的 10 台多臂老虎机问题中，则具体说明如下所示。

- 利用：从探索的老虎机中，选择平均值较高的那台。
- 探索：从 10 台老虎机中随机选择候补选项，包括平均值高的。

此外，还有一个未定的参数，表示以怎样的频度进行利用和探索，适当地调整这个频率才是 ε-Greedy 策略的本质。

在数学上，引入参数 ε，它是预先指定的值。以此值为基准，从某个分布中采样某个随机数。如果采样的随机数的值大于 ε，就选利用；如果采样的随机数的值小于 ε，则执行探索。

当 $\varepsilon=0$ 时，随机数通常在 [0,1] 内进行采样，因此所有的采样值都会变大，确实会被利用。如果 $\varepsilon \neq 0$，一定会产生探索的概率，所以 ε 会作为引导探索的参数发挥作用。

通过以上的说明，可以很容易地理解为什么称为 ε-Greedy 方法。如果使用设定好的 ε 值用图来表示 Greedy 探索法，则如图 2.5 所示。下面介绍如何用 ε-Greedy 方法解决多臂老虎机问题。

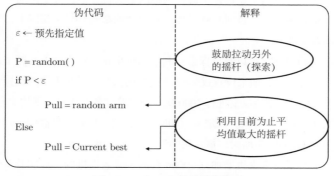

图 2.5　ε-Greedy 策略的伪代码

图 2.6 显示了图 2.5 所示伪代码的计算结果。我们设置了 10 台老虎机和三种类型的 ε 来解决多臂老虎机问题。如上所述，当 ε=0 时是 Greedy 策略，所以除了最初的几步以外，一直拉动的都是③号老虎机（实际上，在预先随机采样的初始值中，③号老虎机的价值排在第 6）。

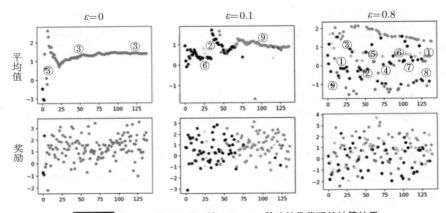

有 Code 图 2.6 　使用不同 ε 的 ε-Greedy 策略的伪代码的计算结果

与此相对，当设定 ε=0.1 时，一开始拉动⑥号老虎机一段时间后，然后随机地拉动其他老虎机，尽管概率很小，但实际上探索到了比⑥号更有价值的②号老虎机。

此外，通过在拉动②号老虎机的同时，随机探索其他老虎机，发现了价值更高的⑨号老虎机。虽然中途选择了两次其他的老虎机，但计算了平均值后发现⑨号老虎机的价值更高，又返回且到最后一直拉动的都是⑨号（实际上，⑨号是价值第二高的老虎机）。

当设定 ε= 0.1 时，可以看出探索和利用的频率在一定程度上达到了最优化。但是，必须注意的是，如果设置成 ε=0.8 这样的值，效果几乎和随机探索一样。

再以不同的 ε 设定值反复进行 5000 次计算实验，各老虎机的平均奖励如图 2.7 所示。从图 2.7 中可以看出，设定 ε=0.05 左右，就可以获得最高的平均奖励。实际上，使用 ε - Greedy 策略时，最常用的设定是 ε= 0.05 ~ 0.1。

我们还进行了将老虎机增加到 10000 台的多臂老虎机的计算实验。保持除台数以外的条件完全相同，计算结果如图 2.7（b）所示（ε=0.1）。台数越多，能获得的奖励就越高。

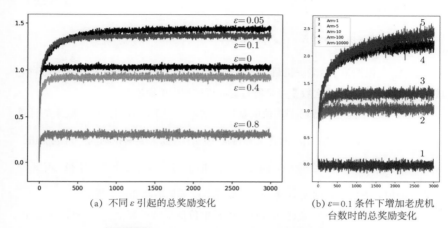

(a) 不同 ε 引起的总奖励变化　　(b) $\varepsilon=0.1$ 条件下增加老虎机
台数时的总奖励变化

有 Code 图 2.7　ε-Greedy 策略的伪代码的计算结果

发生这种现象的原因很简单，因为价值的初始值是从正态分布 $N(0,1)$ 中取样的，所以很多值都分布在 0 附近。可以说，出现高价值（如 3 或 5）的概率非常低。例如，假设价值出现 3 或 5 的概率是 1%。当老虎机的台数为 10 台时，具有 1% 的高价值的老虎机的台数为 $10 \times 0.01 = 0.1$（台），小于 1 台。但是，当台数达到 10000 台时，从概率上看，价值在 3 ~ 5 的老虎机的台数竟然是 $10000 \times 0.01 = 100$（台）。此时，如果选择探索，就能发现具有更高平均奖励的高价值老虎机，因此，比起台数少的情况，ε-Greedy 方法的威力显著地表现出来。

本书提供了用于执行这个计算的 Python 和 MATLAB 代码。请读者从"前言"中获取下载方法，下载后执行代码以查看结果。

2.1.3　UCB-1 策略

策略的分类有两种：决策型和概率型。ε-Greedy 策略使用随机数很好地调整了"利用"和"探索"的频率。随机数是根据概率分布进行采样的，所以 ε-Greedy 策略属于概率型策略。

本小节将介绍一个名为 UCB-1（Upper Confidence Bound-1）的决策型策略。UCB-1 策略根据以下计算公式确定策略。

$$\bar{X}_{\text{UCB-1},j} = \bar{X}_j + \sqrt{2\frac{\ln N}{N_j}} \tag{2.5}$$

行动 $a = j \sim \text{argmax}(\bar{X}_{\text{UCB-1},j=1,2,\cdots})$

其中，$\bar{X}_j$ 是根据第 j 台老虎机目前为止获得的奖励计算的平均值；N_j 是第 j 台老虎机目前为止被选中的次数；N 是所有老虎机被选中的总次数。

简而言之，就是在普通平均值的基础上增加了一个起到"正则"效果的计算公式 $\sqrt{2\frac{\ln N}{N_j}}$。添加的正则项的含义非常简单明了。如果继续拉动同一台老虎机，N_j 会变大，正则项的值会变小，因此 $\bar{X}_{\text{UCB-1}}$ 的平均总和会变小。由于被选中的总次数会增加老虎机的正则项的值，所以 $\bar{X}_{\text{UCB-1}}$ 的平均值总和也会变大。

在选择行动时，经常会选择所有老虎机中价值最大的那个。乍一看，Greedy 策略只是"利用"，但通过添加正则项，在游戏的进行过程中，自然而然地实现了"拉动其他老虎机"的"探索"机制。这就是 UCB-1 策略的绝妙之处。UCB-1 是一种非常优秀的策略，著名的 AlphaGo 和 AlphaGo Zero 都使用了它。关于这一点，将在第 4 章中进行详细说明。

下面来展示一下实际将 UCB-1 策略应用于多臂老虎机问题的结果。

为了便于理解，这里采用了 4 臂老虎机。另外，当 $N_j=0$ 时，为了防止正则项发散，我们做了一些修改，改为 $N_j \rightarrow N_j + \eta$（$\eta$ 代表无限小，此处 $\eta=0.01$）。从前 9 步的结果可以看出该正则项的效果（图 2.8）。例如，在暂时继续拉动③号老虎机的步骤中，③号老虎机的价值从 3.049 下降到了 0.409。拉动③号老虎机，在价值下降的同时，其他老虎机的平均价值在上升。这是因为式（2.5）中正则项的分母的作用，平均值被调优。第 8 步发生了逆转。④号老虎机的价值 0.697 终于高于③号老虎机的 0.409，从第 9 步就开始拉动④号老虎机。

图 2.8 下侧的图表表示了每一步实际获得的奖励以及由此计算的平均值 $\bar{X}_j$。可以看出，计算出来的 $\bar{X}_{\text{UCB-1}}$ 比实际价值要高。它的作用相当于上调了老虎机的原始价值，这就是 UCB-1 策略在英语中称为 Upper Confidence 的原因。

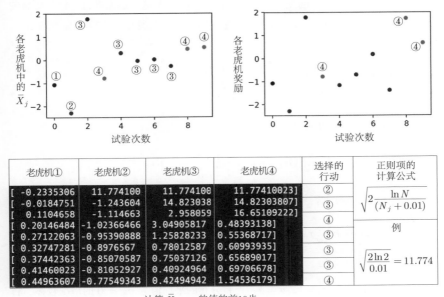

计算 $\overline{X}_{\mathrm{UCB-1}}$ 的值的前 10 步

有 Code　图 2.8　适用于 4 臂老虎机问题的 UCB-1 策略的计算结果

2.1.4　Bayes sampling 策略

作为强化学习中的代表性策略，最后介绍的是 Bayes sampling 策略。从名字上可以看出，这是属于概率型策略的方法。ε-Greedy 策略可以简单地使用随机数这个参数来表示概率，而 Bayes sampling 是一种更严密地构建和计算各老虎机价值的概率模型的方法。不擅长概率概念和 Bayes 理论的人，建议跳过本小节直接进入下一节。

Bayes sampling 策略通过贝叶斯的后验分布公式计算每台老虎机的价值。将计算结果作为平均值，再次对每台老虎机的价值进行采样，这是一种选择采样价值高的老虎机的方法。用文字说明比较复杂，但是可以用数学公式表示。

每台老虎机上的后验分布可以用贝叶斯理论来表示，如下所示。

$$P(\mu_j|X) \propto P(X|\mu_j,\sigma)P(\mu_j|m_0,\sigma_0)\qquad(2.6)$$

其中，μ_j 是要求的每台老虎机的价值；X 是被采样的数据；$P(X|\mu_j,\sigma)$ 是数据的似

然性；$P(\mu_j|m_0,\sigma_0)$ 是 μ_j 的先验分布；$P(\mu_j|X)$ 是对 X 这一数据进行采样后更新的每台老虎机的后验分布。假设每一项都是高斯分布，则展开式（2.6）如下所示。

$$P(\mu_j|X) \propto \left[\prod_{n=1}^{N_j} \frac{1}{\sqrt{\frac{2\pi}{\sigma}}} e^{-\frac{\sigma}{2}(x_n-\mu_j)^2}\right] \frac{1}{\sqrt{\frac{2\pi}{\sigma_0}}} e^{-\frac{\sigma_0}{2}(\mu_j-m_0)^2} \tag{2.7}$$

将式（2.7）进一步展开重写。

$$P(\mu_j|X) \propto \exp\left\{-\frac{\sigma_0}{2}(\mu_j-m_0)^2 - \frac{\sigma}{2}\sum_{n=1}^{N_j}(x_n-\mu_j)^2\right\} \tag{2.8}$$

将式（2.8）变形后，可得到每台老虎机的价值 μ_j 的解析解，如下所示。

$$\mu_j = \frac{m_0\sigma_0 + \sigma\sum_n x_n}{\sigma_0 + \sigma N_j} \tag{2.9}$$

通常，假设方差 $\sigma_0 = 1$，$\sigma = 1$，先验分布的平均值为 $m_0 = 0$ 的情况较多，将它们代入式（2.9）中，如下所示。

$$\mu_j = \frac{\sum_n x_n}{1 + N_j} \tag{2.10}$$

变成一个非常简洁的表达。事实上，每台老虎机的 μ_j 都使用 Re-parametrization 方法采样，如下所示。

$$\mu_{\text{bayes},j} = \mu_j + \frac{1}{\sqrt{1+N_j}} \odot \epsilon \,;\; \epsilon \sim N(0,1) \tag{2.11}$$

从采样的 μ_j 中选择哪台老虎机，和 UCB-1 一样，可以采取 Greedy 策略。

$$\text{行动}\, a = j \sim \text{argmax}(\mu_{\text{bayes},j=1,2,\cdots}) \tag{2.12}$$

图 2.9 汇总了包括 Bayes sampling 在内的几种策略的结果。图 2.9 中的 Optimal initial value 策略（最优初始值策略）的原理非常简单，尽管以前没有提及。

通常，在开始学习之前，老虎机的初始价值的值被设置为 0。而最优初始值策略将初始价值 0 设置为 50 或 100 这样非常大的最优数字。因为没有什么特别的数学表达式，详细的记述就省略了。从图 2.9 中可以看出，Bayes sampling 和 UCB-1 以较快的学习速度获得了最高的奖励。与这些结果相比，最优初始值策略和 ε-Greedy 策略最终可获得的奖励较少。

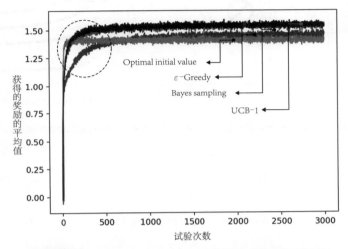

有 Code 图 2.9　适用于 10 臂老虎机问题的各个策略的计算结果

但是，当只评估学习速度时，最优初始值策略是最快达到收敛状态的。这 4 种策略的代码都是可以下载的，读者可以运行并查看结果。

以上是对强化学习中基本策略的说明。接下来将继续第 1 章，通过应用示例详细说明以贝尔曼方程式为中心的强化学习的计算方法。

2.2　动态规划法

本节将介绍直接计算贝尔曼方程式的动态规划法（DP 方法）的应用示例。课题把 1.4.3 小节的网格世界问题改良成了更接近现实问题的形式。

图 2.10 是新设计的网格世界。它采用 3×4 的 12 个网格，为每个网格点添加了用于识别的坐标，并且设置了一个禁止入内的网格点（2,1）。奖励的设定基本上是任意的，在本例中，设定了进入网格点（0,2）会获得 +100 的奖励，进入网格点（0,1）会受到 –100 的处罚，而在其他网格中或在网格之间移动时的奖励均为 0。因为是 DP 方法，所以行动价值的更新按照以下公式进行。

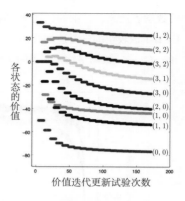

图 2.10　网格世界问题的设定条件和各状态下的状态价值函数收敛的情况

$$V_\pi(s_t) = \sum_a \pi(a|S)\left[Q(S_t, a_t) = r_{t+1} + \gamma V(S_{t+1})\right] \qquad (2.13)$$

另外，与第 1 章中的例 8 相同，可执行的行动被限制为 4 种（U、D、R、L）。朝向墙壁的行动自然是被禁止的，并从行动选项中删除，这一点是 DP 方法的最大特征。DP 方法是一种由学习引擎在充分了解学习环境的基础上构建模型进行学习的方法。在某种程度上预先指定学习条件，如可以放在哪里、不可以放在哪里，或者禁止什么行为等，然后再进行学习。这一点与 2.3 节将要介绍的蒙特卡罗方法有很大的不同，请大家注意。

在按照式（2.13）开始学习时，马上就会出现两个令人困惑的地方。下面进行具体说明。

（1）如何使用式（2.13）中的 $\pi(a \mid S)$ 呢？

$\pi(a \mid S)$ 是一种策略，但关于适合 DP 方法的策略是什么，还没有涉及。2.1 节提到的 4 种基本强化学习策略，当时就像多臂老虎机问题一样，状态数只限于一个。但是，如果忽略限制条件，这个课题的状态数有 12 个之多。因此，这个网格世界问题比多臂老虎机问题复杂。但是，在每个状态下选择什么样的行动 a 这一点，可以将 2.1 节中提到的基本策略应用于 DP 方法中。稍后，将提出几个可以适用于 DP 方法的 $\pi(a \mid S)$ 策略，并详细阐述它们与基本策略的关联。

（2）关于策略，假设用以上描述的方法进行了一些应对，但是式（2.13）的更新计算也存在另一个不确定点。式（2.13）的计算本身很简单，一个状态的更新结束后，选择下一个更新的状态时，选择哪个状态并不明确。而且也不知道这个更新过程会持续多久。

在 DP 方法中，这些问题解决起来非常简单。DP 方法可以作为 MDP（马尔可夫决策过程）的问题来处理，所以具有 MP（马尔可夫性）的问题通过马尔可夫过程的迭代更新来达到收敛的平衡状态。虽然没有特别的法则来决定下一个要更新的状态，但是一般会随机选择下一个要更新的状态。当然，按顺序更新也没问题。之后为了确认结果，在 12 个状态（禁止格子和奖励格子除外，准确来说是 9 个状态）更新结束后，定义为 1 个 episode（可理解为"情节"或"回合"）。

$$V_\pi^{K+1}(S_t) = \sum_a \pi(a|S) \ \left[Q^{K+1}(S_t, a_t) = r_{t+1} + \gamma V_\pi^K(S_{t+1}) \right] \qquad (2.14)$$

式（2.14）与式（2.13）基本相同，但引入了参数 K 表示重复的 episode 数。随着 episode 的增加，每个状态的状态价值函数的值趋向收敛，如图 2.10 右侧所示。稍后会详细说明，在图 2.10 的右侧可以看到每个状态随着 episode 的增加而逐渐收敛的情况。

2.2.1　ε-Greedy（ε=1）策略迭代法

ε-Greedy 策略（ε=1）与 2.1 节 ε-Greedy 策略的定义中的 ε=1 随机选择行动的意思相同。但是，为了对式（2.14）进行计算，$\pi(a \mid S)$ 需要具体的值。也就是说，需要一个过程将随机选择行动的表达转换为数值。这与后文介绍的蒙特卡罗方法有很深的关联，到时将会详细说明。

下面再次整理一下问题。在每个状态下，基本行动的选项有 4 种（U、D、L、R）。此外，与墙壁和禁止入内的网格相关的行动也被排除在选项之外。按照这个规则，在 9 个状态下可以采取的行动是 3 个。3 个行动选项各自的内容不同。为了便于说明，并且考虑与后文的蒙特卡罗方法的联系，举出代表 4 种行动选项的四面体骰子的例子（图 2.11）。理解了 4 种行动选项，就能轻松类推出三种行动选项。

图 2.11 中的四面体骰子表示网格世界的四种可选择的行动。在这里，假设随机掷骰子，和桌子接触的一面是出来的结果，也就是选择的行动。下面分析一下选择各种行动的概率是多少。

图 2.11　使用四面体骰子的行动选择策略的效果图

如果有统计学知识的话，应该马上就能明白，答案是 1/4。这个例子与第 1 章的例 1 中的骰子问题的解法相同。另外，如果不使用概率，用四面体骰子进行多次（1000 次以上）试验，计算各行动被选中的次数 N_a 与总投掷次数 N 的比例，最终应该会得到以下结果。

$$\frac{N_U}{N} \approx \frac{N_D}{N} \approx \frac{N_L}{N} \approx \frac{N_R}{N} \approx \frac{1}{4} \tag{2.15}$$

DP 方法中，因为知道为了进入下一个状态应该采取什么样的行动，所以在随机选择行动时，只要将可采取的行动选项数的倒数作为概率使用就可以了。例如，角落的格子 $(0,0)$ 两面都有墙壁，所以可以采取行动的概率为 1。但需要注意的是，上述内容仅限于随机策略。

在此策略下，$\pi(a \mid S)$ 可以表示如下。

$$\pi(a|S) = \begin{cases} \dfrac{1}{2} & S = (0,0),\ (3,0),\ (3,2) \\[2mm] \dfrac{1}{3} & S = \text{others} \end{cases} \tag{2.16}$$

因为可以定义策略 $\pi(a \mid S)$，所以接下来只要按照式（2.14）继续计算就可以了。此外，为了便于进行演示计算，将衰减率 γ 设置为 1（但通常衰减率设置为 0.9 ~ 1）。例如，将式（2.14）应用于状态 $(1,2)$。计算状态 $(1,2)$ 中的三个行动价值函数。

$$\begin{aligned} Q_\pi^1(S_{12}, a_L) &= \{ r_{02} + V_\pi^1(S_{02}) \} = \{100 + 0\} = 100 \\ Q_\pi^1(S_{12}, a_R) &= \{ r_{22} + V_\pi^1(S_{22}) \} = \{0 + 0\} = 0 \\ Q_\pi^1(S_{12}, a_D) &= \{ r_{11} + V_\pi^1(S_{11}) \} = \{0 + 0\} = 0 \end{aligned} \tag{2.17}$$

$$V_\pi\left(S_{12}\right) = \frac{1}{3}Q_\pi^1\left(S_{12}, a_L\right) + \frac{1}{3}Q_\pi^1\left(S_{12}, a_R\right) + \frac{1}{3}Q_\pi^1\left(S_{12}, a_D\right)$$
$$= \frac{100}{3} + 0 + 0 = 33.33$$

（2.18）

接下来，假设从剩余状态中随机选择一个状态，如状态（3,2）。

$$Q_\pi^1\left(S_{32}, a_L\right) = \left\{r_{22} + V_\pi^1\left(S_{22}\right)\right\} = \left\{0 + 0\right\} = 0$$
$$Q_\pi^1\left(S_{32}, a_D\right) = \left\{r_{31} + V_\pi^1\left(S_{31}\right)\right\} = \left\{0 + 0\right\} = 0$$

（2.19）

$$V_\pi\left(S_{32}\right) = \frac{1}{2}Q_\pi^1\left(S_{32}, a_L\right) + \frac{1}{2}Q_\pi^1\left(S_{32}, a_D\right)$$
$$= \frac{1}{2} \times 0 + \frac{1}{2} \times 0 = 0$$

（2.20）

像这样依次更新。其结果如图 2.12 所示。另外，计算时随机进行的状态选择顺序如下所示。

$$(1, 2) \rightarrow (3, 2) \rightarrow (0, 0) \rightarrow (3, 0) \rightarrow (3, 1) \rightarrow (2, 0) \rightarrow (2, 2) \rightarrow (1, 0) \rightarrow (1, 1)$$

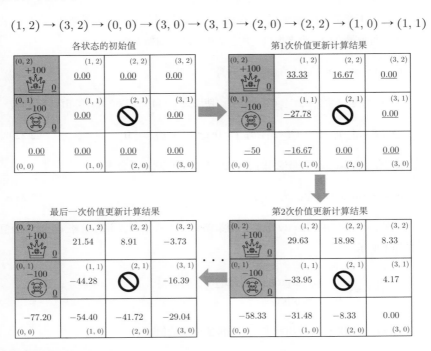

有 Code 图 2.12　在 DP 方法中使用 ε-Greedy（$\varepsilon=1$）策略迭代法计算网格世界问题的结果

当对图 2.12 中的结果执行代码时，结果可能稍有不同，但最终收敛的结果是相同的。

从图 2.12 中的结果可知，这里使用的策略与多臂老虎机问题的随机探索是相同的策略，两者的结果也类似。图 2.12 中最后一次的收敛结果有很多正负值，而且负值的数量比正值的数量还要多。当然，这并不是最佳策略。强化学习的目标不是随机选择行动，而是在控制行动的同时获得各状态下的最大价值。顺便说一下，多臂老虎机的情况可以达到的最大价值是 1.5 倍左右，如图 2.9 所示。

接下来，介绍在网格世界的每个状态下能达到最大价值的方法。

2.2.2　ε-Greedy（ε=0）策略迭代法（On-Policy）

ε-Greedy（ε=0）策略迭代法是一种 Greedy 策略。网格世界的 Greedy 策略很难，所以将通过多臂老虎机的例子来说明。假设多臂章鱼处于状态 $S(1,2)$，如图 2.13（a）所示。章鱼周围有 3 台老虎机，分别为 $Q_\pi(S_{12}, a_L)$、$Q_\pi(S_{12}, a_R)$、$Q_\pi(S_{12}, a_D)$。现在来思考一下章鱼会拉动哪一台老虎机的问题。如果是 ε-Greedy 策略（$\varepsilon = 0$），就会去拉动价值最高的那台老虎机。用公式来表达，则如下所示。

$$a = j \sim \mathrm{argmax}\{Q_\pi(S_{12}, a_{j=R,L,D})\} \tag{2.21}$$

然后，用衰减率公式 $\gamma = 0.9$ 来计算。使用式（2.14）可以立即计算出以下结果。

$$Q_\pi^1(S_{12}, a_L) = 100, Q_\pi^1(S_{12}, a_R) = 0, Q_\pi^1(S_{12}, a_D) = 0 \tag{2.22}$$

这里，将 Greedy 策略应用于式（2.22），会得到以下公式。

$$a = j \sim \mathrm{argmax}\{Q_\pi(S_{12}, a_{j=R,L,D})\} = L \tag{2.23}$$

此外，如果使用 Greedy 策略，则策略将变为决策型，并且策略 $\pi(a|S)$ 的值也将如下所示。

$$\pi(a|S) = \begin{cases} 1 & a = \mathrm{argmax}\{Q_\pi(S_{12}, a_{j=R,L,D})\} \\ 0 & a = \text{others} \end{cases} \tag{2.24}$$

根据以上结果，计算出状态 S_{12} 的价值函数的值。

$$V_\pi(S_{12}) = 1 \times Q_\pi^1(S_{12}, a_L) = 100 \tag{2.25}$$

接下来，假设章鱼处于状态 $S(3,2)$，如图 2.13（b）所示。章鱼的周围有 $Q_\pi(S_{32}, a_L)$，$Q_\pi(S_{32}, a_D)$ 两台老虎机。计算结果与状态 S_{12} 的价值函数的值相同。

$$Q_\pi^1(S_{32}, a_L) = 0, Q_\pi^1(S_{32}, a_D) = 0$$
$$a = j \sim \mathrm{argmax}\{Q_\pi(S_{32}, a_{j=L,D})\} = L \tag{2.26}$$

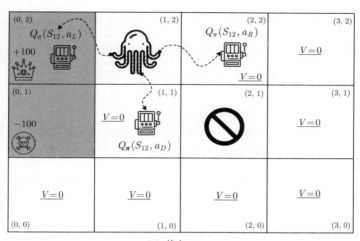

（a）状态 $(1, 2)$

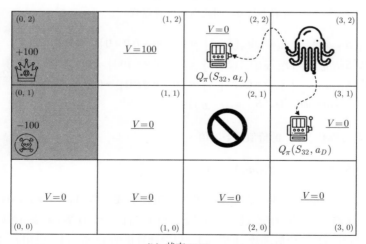

（b）状态 $(3, 2)$

图 2.13　使用多臂章鱼的 ε - Greedy（$\varepsilon = 0$）策略迭代法的说明以及网格世界问题与多臂老虎机问题的相似性

另外，如果出现相同的 Q 值，则按照初始设置中决定的顺序选择行动。由于状态（3,2）的初始设置顺序为 L、D，所以行动 L 会被优先选择。

由此计算出状态 S_{32} 的价值函数的值。

$$V_\pi(S_{32}) = 1 \times Q_\pi^1(S_{32}, a_L) = 0 \tag{2.27}$$

同样，价值为 0 的状态很容易计算。

$$V_\pi(S_{00}) = V_\pi(S_{32}) = V_\pi(S_{31}) = V_\pi(S_{20}) = V_\pi(S_{10}) = 0 \tag{2.28}$$

在状态 S_{22} 下，价值不是 0，因此表示计算过程。

$$
\begin{aligned}
Q_\pi^1(S_{22}, a_R) &= \left\{ r_{32} + \gamma V_\pi^1(S_{32}) \right\} = \{ 0 + 0.9 \times 0 \} = 0 \\
Q_\pi^1(S_{22}, a_L) &= \left\{ r_{12} + \gamma V_\pi^1(S_{12}) \right\} = \{ 0 + 0.9 \times 100 \} = 90 \\
a &= j \sim \operatorname{argmax} \left\{ Q_\pi(S_{22}, a_{j=R,L}) \right\} = L
\end{aligned} \tag{2.29}
$$

其中，状态 S_{12} 的价值函数使用了式（2.25）的结果，从而计算状态 S_{22} 的价值函数值。

$$V_\pi(S_{22}) = 1 \times Q_\pi^1(S_{22}, a_L) = 90 \tag{2.30}$$

在状态 S_{11} 下，价值不是 0，因此表示计算过程。

$$
\begin{aligned}
Q_\pi^1(S_{11}, a_L) &= \left\{ r_{01} + \gamma V_\pi^1(S_{01}) \right\} = \{ -100 + 0.9 \times 0 \} = -100 \\
Q_\pi^1(S_{11}, a_U) &= \left\{ r_{12} + \gamma V_\pi^1(S_{12}) \right\} = \{ 0 + 0.9 \times 100 \} = 90 \\
Q_\pi^1(S_{11}, a_D) &= \left\{ r_{10} + \gamma V_\pi^1(S_{10}) \right\} = \{ 0 + 0.9 \times 0 \} = 0 \\
a &= j \sim \operatorname{argmax} \left\{ Q_\pi(S_{11}, a_{j=L,U,D}) \right\} = U
\end{aligned} \tag{2.31}
$$

由此计算状态 S_{11} 的价值函数的值。

$$V_\pi(S_{11}) = 1 \times Q_\pi^1(S_{11}, a_U) = 90 \tag{2.32}$$

图 2.14 总结了上述计算结果。另外，追踪上述过程可以发现，ε-Greedy（$\varepsilon = 0$）策略迭代法包含两个过程。如图 2.15 所示，首先计算在某个状态下可以采取的行动的行动状态价值函数 $Q(S_t, a_t)$。根据计算出的 $Q(S_t, a_t)$，应用 ε-Greedy（$\varepsilon = 0$）策略迭代法，确定最佳行动 a。

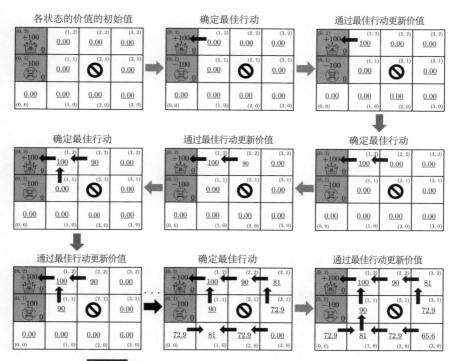

有 Code 图 2.14　用 ε-Greedy（$\varepsilon = 0$）策略迭代法计算的结果

根据确定的最佳行动，更新该状态的价值函数 $V(S)=\max\{Q_\pi(S_t,\ a_{j=R,L,U,D})\}$ 的值。

然后，从剩下的状态中任意选择状态，重复前面的过程。最后，网格点上的所有价值函数的值都收敛到不再变化为止。收敛到最佳价值时，在每个状态下所选择的行动都是最佳行动，就找到了最佳策略。

这个方法称为策略迭代法。与此相对，应用 ε-Greedy（$\varepsilon = 0$）策略的另一种方法将在下一小节中介绍。

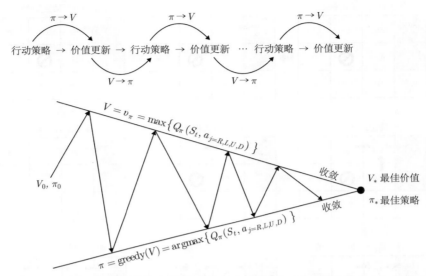

图 2.15 策略迭代法的最佳价值 V^* 和最佳策略 π^* 收敛的概念图

2.2.3 ε-Greedy($\varepsilon = 0$) 价值迭代法 (Off-Policy)

在策略迭代法中，交替学习"选择行动"和"通过选择的行动更新价值"这两个过程的机制，可以用公式表示如下。

$$a^* = \mathrm{argmax}\{Q_\pi(S_t, a_{j=R,L,U,D})\} \tag{2.33}$$
$$V_\pi(S) = Q_\pi^1(S_t, a^*)$$

价值迭代法从上面的公式中进一步简化如下。

$$V_\pi(S_t) = \max\{Q_\pi(S_t, a_{j=R,L,U,D})\} \tag{2.34}$$

看似与策略迭代法相同，但其原理略有不同。价值迭代法省略了"按照行动策略表更新价值"这一策略迭代法中绝对不可缺少的过程。取而代之的是，价值迭代法中的价值更新以"取行动价值函数 $Q_\pi(S_t, a_t)$ 的最大值"的方式实现了值的"更新"。$Q_\pi(S_t, a_t)$ 的计算只要根据该状态下可能采取的行动（R, L, U, D）来计算即可，并不依赖于策略（根据 Q 值的大小来选择行动）。

在强化学习中，我们把探索时的行动策略 μ 和价值更新时的利用策略 π 这两者联动的方法，定义为 On-Policy 方法，而把 μ 和 π 不联动的方法定义为 Off-Policy 方法。根据这个定义，可以知道策略迭代法是 On-Policy，价值迭代法是 Off-Policy。

On-Policy 和 Off-Policy 的概念，是强化学习以及近年来最新型深度强化学习方法中非常重要的概念，对于理解后面出现的著名的 Q 学习法及其相关的学习方法来说，是不可或缺的。

下面将在实际计算过程中介绍价值迭代法。从定义表达式可以看出，如果省略了决定行动的过程，其基本计算与策略迭代法是相同的。因为计算步骤少，所以具有计算开销少的优点。

如图 2.13 所示，假设多臂章鱼处于状态 $S(1,2)$。章鱼周围有 $Q_\pi(S_{12}, a_L)$、$Q_\pi(S_{12}, a_R)$、$Q_\pi(S_{12}, a_D)$ 这三台老虎机。接下来，说明一下章鱼会拉动哪一台老虎机的问题。

在状态 S_{12} 下，为了应用价值迭代法，首先计算可能采取的行动的行动价值函数。因为在前面已经计算过了，所以直接拿来用即可。

$$Q_\pi^1(S_{12}, a_L) = 100, Q_\pi^1(S_{12}, a_R) = 0, Q_\pi^1(S_{12}, a_D) = 0 \tag{2.35}$$

这里应用式（2.34）看一下。

$$V_\pi(S_{12}) = \max\{Q_\pi(S_{12}, a_{j=R,L,D})\} = \max(0, 100, 0) \tag{2.36}$$

在状态 S_{22} 下，根据前项的计算得出以下结果。

$$\begin{aligned} &Q_\pi^1(S_{22}, a_R) = 0, Q_\pi^1(S_{22}, a_L) = 90 \\ &V_\pi(S_{22}) = \max\{Q_\pi(S_{22}, a_{j=R,L})\} = \max(90, 0) = 90 \end{aligned} \tag{2.37}$$

在状态 S_{11} 下，也可由前项立即得到以下结果。

$$\begin{aligned} &Q_\pi^1(S_{11}, a_L) = -100, Q_\pi^1(S_{11}, a_U) = 90, Q_\pi^1(S_{11}, a_D) = 0 \\ &V_\pi(S_{11}) = \max\{Q_\pi(S_{11}, a_{j=L,U,D})\} = \max(-100, 90, 0) = 90 \end{aligned} \tag{2.38}$$

其他价值为 0 的状态直接被应用。

$$V_\pi(S_{00}) = V_\pi(S_{32}) = V_\pi(S_{31}) = V_\pi(S_{20}) = V_\pi(S_{10}) = 0 \tag{2.39}$$

增加 episode，重复过程，这样下去，价值函数的值将不再变动，而是收敛。

在图 2.16 中总结显示了上述过程。与图 2.14 相比，应该可以直观地看出学习很快收敛。

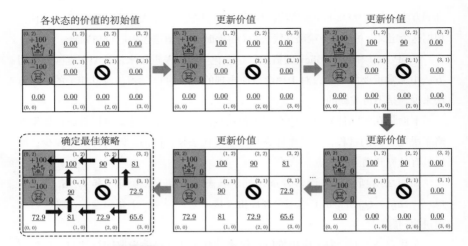

<Code 图 2.16 价值迭代法的计算过程和计算结果

要关注如何获得此价值迭代方法的最终的最佳策略。答案非常简单。在每个状态下，只要移动到具有最大价值函数的下一个状态即可。图 2.16 中最后一个网格中的箭头就是获得的最佳策略。相信读者很快就会发现，这个结果和策略迭代法的结果是一样的。

最后再补充一点说明。到目前为止，用 ε-Greedy 的策略进行了 $\varepsilon = 0$ 和 $\varepsilon = 1$ 的计算。一般用 $\varepsilon = 0.05$ 或 $\varepsilon = 0.1$ 来计算，但对于 DP 方法，环境的模型是已知的，"哪里有奖励""奖励的值是多少"等都是决策型的。因此，没有必要像概率分布那样进行采样。但是，通过给 ε 赋值并将其变为概率型，可以很容易地确认最后能获得的价值函数值会变小。

下一节将介绍蒙特卡罗方法和 TD 方法，它们的环境模型从一开始就不是已知的，那时应用了概率型策略 ε-Greedy（$\varepsilon = 0.05$）。关于本小节的结果，可以下载 $\varepsilon = 0.05$ 和 $\varepsilon = 0.1$ 时的计算代码，请一定要验证一下。

2.3 蒙特卡罗方法

本节将对蒙特卡罗方法进行说明。在此之前，先说明一下强化学习中使用蒙特卡罗方法的必要性。

为了应用上一节中提到的 DP 方法，环境模型必须是已知的。另外，DP 方法是一种自举（Bootstrap）方法，它设置各状态的价值函数的初始值，根据上次状态价值的值更新新的状态价值，所以状态价值的更新必须在所有状态空间进行。由于这些限制，DP 方法对于小型已知模型很容易计算，但对于大型问题和环境的模型，如果不容易构建，应用起来就很困难。即使是 DP 方法难以应用的问题，蒙特卡罗方法也可以学习，因此它是强化学习中的基本学习方法。

在第 1 章中也提到过，蒙特卡罗方法的学习公式有通常的平均值表达式和逐次表达式两种。

$$V(S_t) = \frac{1}{m} \sum_{i=1,\cdots,m} G^i(S_t)$$
$$V(S_t) \leftarrow v(S_t) + \alpha[G(S_t) - v(S_t)] \tag{2.40}$$

式（2.40）中的 $G(S_t)$ 也像第 1 章的式（1.45）、式（1.48）一样，有通常的平均表达式和逐次表达式。

$$G(S_t) = \frac{X_{t+1} + \cdots + X_{N-1} + X_N}{N-t}$$
$$G(S_t) = r_{t+1} + \gamma G(S_{t+1}) \tag{2.41}$$

将这些标记应用于网格世界等应用示例时，由于各状态下的行动有 4 种，所以需要在上述公式中引入行动这一变量进行扩展。首先，在状态价值函数中引入行动这个变量。

$$V(S_t, a_t) = \frac{1}{m} \sum_{i=1,\cdots,m} G^i(S_t, a_t)$$
$$V(S_t, a_t) \equiv Q(S_t, a_t) \tag{2.42}$$
$$Q(S_t, a_t) = \frac{1}{m} \sum_{i=1,\cdots,m} G^i(S_t, a_t)$$

如果忘记了式（2.42），请复习 1.5 节。在总奖励函数 $G(S_t)$ 中也引入了行动变量。

$$G(S_t, a_t) = r_{t+1} + \gamma G(S_{t+1}, a_t) \tag{2.43}$$

另外，由于引入了行动变量，所以图 1.21 的内容也像图 2.17 那样扩展。

图 2.17 以网格世界可能采取的 4 种行动（R、L、U、D）为例。由于篇幅的关系，展示了一个状态下的更新机制。一个试验结束后，计算出每种行动的总奖励 $G(S_t, a_t)$。使用计算出的 $G(S_t, a_t)$ 来计算行动价值 $Q(S_t, a_t)$。每次试验结束后计算总奖励 $G(S_t, a_t)$ 时，就会计算行动价值 $Q(S_t, a_t)$。每次被更新的各状态下的 $Q(S_t, a_t)$ 是学习引擎在选择策略时的参考。学习引擎的任务是增加试验次数，更新 $Q(S_t, a_t)$。

在使用蒙特卡罗方法的过程中，不需要计算价值 $V(S_t)$，但可以通过概率计算方法或最大值近似方法等进行计算，如图 2.17 的底部所示。

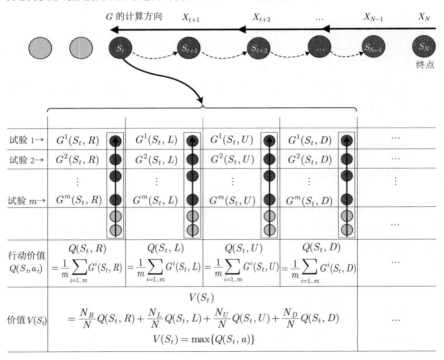

图 2.17　引入了行动变量的蒙特卡罗方法的基本计算原理

- 概率计算方法

$$V(S_t) = \sum_{a=R,L,U,D} Q(S_t, a_t) \frac{N_a}{N}$$

其中，N_a 是行动 a 被选中的次数；N 是总试验次数。

● 最大值近似方法

$$V(S_t) = \max\{Q(S_t, a_t)\}$$

特别是概率计算方法，在第 4 章介绍的深度强化学习的代表性方法 AlphaGo 中发挥着核心作用。

以上就是蒙特卡罗方法的基本计算原理。下面将通过网格世界的示例来说明该方法的实际执行过程。

蒙特卡罗方法是在环境模型未知的前提下进行学习的，所以在实施方法上需要下功夫。例如，可以选择固定还是不固定起始点，是使用 On Policy 还是 Off Policy。本书只介绍基于固定起始点的 On-Policy 的蒙特卡罗方法。关于 Off-Policy 的代码，可以在 GitHub 上找到，原理说明可以在参考文献 [4] 中找到。蒙特卡罗方法中网格世界的初始状态如图 2.18 所示。学习引擎只知道自己附近的信息。为此制定了以下的学习规则。

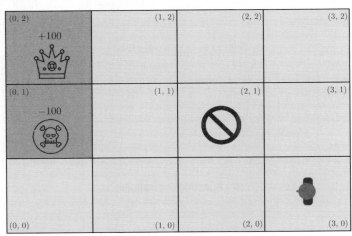

图 2.18　蒙特卡罗方法中网格世界问题的初始状态

（1）学习引擎可以在每个状态下采取 4 种行动（ R、L、U、D ）。

（2）为了增加试验次数，进入墙壁或禁止入的网格点（2,1）后，将重置为相同的状态，重新开始学习。

（3）当学习引擎进入状态网格点 (0,2) 和 (0,1) 后，视为一次试验结束，更新总奖励和行动价值函数。然后，学习引擎将返回到原来的起始点网格（3,0）并重新开始学习试验。

（4）奖励的设置与 DP 方法相同。(0, 2) 是 +100、(0, 1) 是 –100，其余的是 0。关于策略，由于在各状态下 $Q(S_t, a_t)$ 的选择有 4 种，所以使用 ε-Greedy（$\varepsilon = 0.1$）这一概率型 $\pi(a \mid S)$。用公式表示如下。

$$\pi(a|S) = \begin{cases} P > \varepsilon = 0.1 & a = \mathrm{argmax}\{Q_\pi(S_{..}, a_{j=R,L,U,D})\} \\ P < \varepsilon = 0.1 & a = \mathrm{others} \end{cases} \qquad (2.44)$$

P 是从均匀分布的随机数 (0,1) 取样的。

蒙特卡罗方法的计算原理到此为止。剩下的就是学习引擎增加试验的次数，更新各状态的 $Q_\pi(S_{..}, a_{j=R,L,U,D})$ 即可。为了让读者更容易理解，下面将对第 1 次试验的详细计算步骤进行说明。

图 2.19 所示为各状态下的行动价值函数值 $Q(S_t, a_t)$。ε-Greedy 策略按照图中所示的表应用。但是，这里有一个问题。在进行学习之前，$Q(S_t, a_t)$ 的初始值被设置为 0。

各状态下的 $Q(S_t, a_t)$ 表：初始值

	S_{30}				S_{31}				S_{32}				...				S_{00}			
	R	L	U	D	R	L	U	D	R	L	U	D	R	L	U	D	R	L	U	D
第 1 次	0	0	0	0	0	0	0	0	0	0	0	0	0	0	0	0	0	0	0	0
第 2 次	0	0	0	0	0	0	0	0	0	0	0	0	0	0	0	0	0	0	0	0
⋮	⋮	⋮	⋮	⋮	⋮	⋮	⋮	⋮	⋮	⋮	⋮	⋮	⋮	⋮	⋮	⋮	⋮	⋮	⋮	⋮
第 m 次	0	0	0	0	0	0	0	0	0	0	0	0	0	0	0	0	0	0	0	0

第 1 次试验时使用的随机策略

S_{30}	S_{31}	S_{32}	S_{20}	S_{22}	S_{10}	S_{11}	S_{12}	S_{00}
R	U	D	L	L	U	U	U	L

图 2.19　固定起始点的蒙特卡罗方法中引擎的学习过程的初始值设置

如果按图 2.19 所示执行 $\mathrm{argmax}\{Q(S_t, a_t)\}$，在所有状态下都会选择 R 这个行动。在数值相同的情况下，会按顺序决定最大值，学习效率就会较差。如图 2.19 所示，在各状态下从（R、L、U、D）中随机决定一个策略，并将其作为第 1 次试验时的策略使用。

图 2.20 介绍了计算发布代码时的第 1 次试验结果。每一步都说明计算内容。

66

（1）采样了 $P=0.4$ 的随机数。学习引擎会采取以下行动。

$$a = \mathrm{argmax}\{Q_\pi(S_{30}, \ a_{j=R,L,U,D})\} = R$$

（2）学习引擎在执行从状态 (3,0) 中选择的行动 $a = R$ 时遇到了障碍。学习引擎将返回到相同状态（3,0）并重新开始学习。

（3）采样了 $P=0.12$ 的随机数。重复上述行动。

…

（13）采样了 $P=0.08$ 的随机数。学习引擎从（L、U、D）这三种行动选项中随机选择行动。执行结果为 $a = L$。

（14）学习引擎执行从状态（3,0）中选择的行动 $a = L$ 时，到达状态（2,0）。

…

图 2.20　计算代码时的第 1 次试验结果

图 2.21 显示了第 1 次试验的结果。学习引擎探索过的格子用明亮的颜色表示。没有被探索的格子，依旧是一片漆黑。

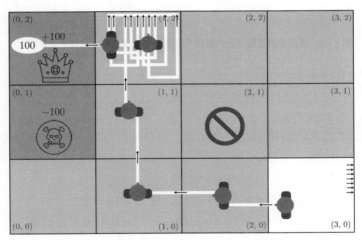

图 2.21　使用固定起始点的蒙特卡罗方法中学习引擎探索的情况

在每个状态下，选择了什么样的行动，以及重复了多少次，都将总结在图 2.22 中。利用这张图，可以计算出用于各状态的行动价值函数的总奖励 $G(S_t, \ a_t)$（总奖励需要从终点反向传播到起始点计算）。

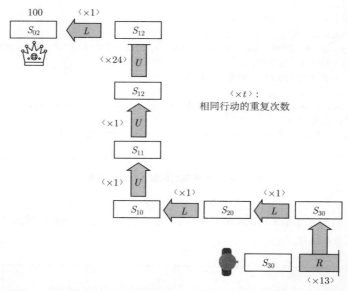

图 2.22　使用从固定起始点的蒙特卡罗方法中学习引擎访问每个状态的次数

（1）$G^1(S_{12}, L)$

$$G^1(S_{12},L) = 100 + 0.9 \times 0 = 100$$

（2）$G^1(S_{12}, U^1)$

在该状态下，相同的行动 U 重复 24 次后变成了行动 L，所以更新公式需要进行如下反向传播。

$$G^1\left(S_{12},U^{24}\right) = 0 + 0.9 \times G^1\left(S_{12},L\right) = 100 \times 0.9^1 = 90$$
$$G^1\left(S_{12},U^{23}\right) = 0 + 0.9 \times G^1\left(S_{12},U^{24}\right) = 100 \times 0.9^2 = 81$$
$$G^1\left(S_{12},U^{22}\right) = 0 + 0.9 \times G^1\left(S_{12},U^{23}\right) = 100 \times 0.9^3 = 72.9$$
$$\cdots$$
$$G^1\left(S_{12},U^1\right) = 0 + 0.9 \times G^1\left(S_{12},U^2\right) = 100 \times 0.9^{24} = 7.98$$

（3）$G^1(S_{11}, U)$

$$G^1\left(S_{11},U\right) = 0 + 0.9 \times G^1\left(S_{12},U\right) = 7.98 \times 0.9 = 7.18$$

（4）$G^1(S_{10}, U)$

$$G^1\left(S_{10},U\right) = 0 + 0.9 \times G^1\left(S_{11},U\right) = 7.18 \times 0.9 = 6.46$$

（5）$G^1(S_{20}, L)$

$$G^1(S_{20}, L) = 0 + 0.9 \times G^1(S_{10}, U) = 6.46 \times 0.9 = 5.81$$

（6）$G^1(S_{30}, L)$

$$G^1(S_{30}, L) = 0 + 0.9 \times G^1(S_{20}, L) = 5.81 \times 0.9 = 5.23$$

（7）$G^1(S_{30}, R^1)$

在该状态下，相同的行动 R 重复 13 次后变为行动 L，因此更新公式需要进行如下反向传播。

$$G^1(S_{30}, R^{13}) = 0 + 0.9 \times G^1(S_{30}, L) = 5.23 \times 0.9 = 4.71$$
$$G^1(S_{30}, R^{12}) = 0 + 0.9 \times G^1(S_{30}, R^{13}) = 5.23 \times 0.9^2 = 4.24$$
$$\cdots$$
$$G^1(S_{30}, R^1) = 0 + 0.9 \times G^1(S_{30}, R^2) = 5.23 \times 0.9^{13} = 1.33$$

计算了总奖励，所以使用

$$Q(S_t, a_t) = \frac{1}{m} \sum_{i=1,\cdots,m} G^i(S_t, a_t) \tag{2.45}$$

这样就能计算 $Q(S_t, a_t)$ 了。因为是第 1 次试验，所以 $i = 1$ 。

$$Q(S_t, a_t) = G^1(S_t, a_t) \tag{2.46}$$

图 2.23 总结了在第 1 次试验中计算出的各个状态的 $Q(S_t, a_t)$。根据这张状态表，在所访问的状态下取 $Q(S_t, a_t)$ 的最大值，更新策略。在未访问的状态下，维持原来的方案。

各状态下的 $Q(S_t, a_t)$ 表：第 1 次的结果

	S_{30}				S_{31}				S_{32}				S_{20}				S_{22}			
	R	L	U	D	R	L	U	D	R	L	U	D	R	L	U	D	R	L	U	D
第 1 次	1.33	5.23	0	0	0	0	0	0	0	0	0	0	0	5.81	0	0	0	0	0	0

	S_{10}				S_{11}				S_{12}				S_{00}			
	R	L	U	D	R	L	U	D	R	L	U	D	R	L	U	D
第 1 次	0	0	6.46	0	0	0	7.18	0	0	100	7.98	0	0	0	0	0

根据第 1 次的 $\mathrm{argmax}\{Q(S_t, a_t)\}$ 的结果更新的第 2 次试验用策略表

S_{30}	S_{31}	S_{32}	S_{20}	S_{22}	S_{10}	S_{11}	S_{12}	S_{00}
L	U	D	L	L	U	U	L	L

图 2.23　使用基于固定起始点的蒙特卡罗方法的第 1 次计算结果

另外，在图 2.33 的下半部分还显示了更新后的策略。由此，可以得到第 2 次试验用的策略表。

根据这个策略表和学习规则，按照第一次试验时说明的顺序，一边摇出随机数，一边应用 ε-Greedy 策略。每次试验结束后计算 $Q(S_t, a_t)$，更新下次用的新策略表，继续学习。请下载计算代码验证一下。

图 2.24 显示了第 200 次试验和最后的第 2000 次试验的结果。从这个结果可以看出，在进行了 200 次试验之后，有几种状态都没有达到最佳策略和价值。再经过 2000 次试验，终于达到了与 DP 方法相同的最佳策略。价值函数的值也大致与 DP 方法（图 2.16）相同。

各状态下的 $Q(S_t, a_t)$ 表：最终结果

	S_{30}				S_{31}				S_{32}				S_{20}				S_{22}			
	R	L	U	D	R	L	U	D	R	L	U	D	R	L	U	D	R	L	U	D
1 次	1.33	5.23	0	0	0	0	0	0	0	0	0	0	0	5.81	0	0	0	0	0	0
200 次	30.0	32.8	62.8	47.7	56.3	48.5	70.5	47.8	49.6	79.4	56.2	57.0	52.6	36.8	31.8	28.9	26.9	89.2	60.8	60.8
⋮																				
2000 次	57.6	53.6	65.0	55.5	62.5	61.2	72.2	52.9	71.3	80.9	70.9	61.7	58.5	70.9	57.1	57.9	71.2	90	79.2	78.9

	S_{10}				S_{11}				S_{12}				S_{00}			
	R	L	U	D	R	L	U	D	R	L	U	D	R	L	U	D
1 次	0	0	6.46	0	0	0	7.18	0	100	7.98	0	0	0	0	0	0
200 次	44.7	-5.5	24.4	4.41	-9.1	-100	17.9	29.8	48.0	100	76.5	17.4	42.9	27	-100	32.8
⋮																
2000 次	62.3	64.3	80.8	71.1	79.0	-100	90	69.5	79.4	100	90	81	72.5	63.1	-100	64.2

最佳价值函数和策略的结果

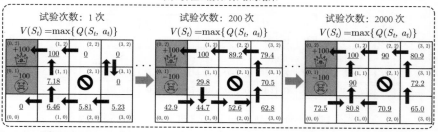

有 Code 图 2.24　使用带有固定起始点的蒙特卡罗方法的网格世界问题的最终计算结果

蒙特卡罗方法的最大特点是，即使最初不知道与环境相关的所有信息，也会在不断试错的过程中，根据探索结果更新学习引擎的行动策略。就像一片漆黑的网格世界，通过探索，逐渐变得明亮起来。

蒙特卡罗方法的优点在于根据总奖励 $G(S_t, a_t)$ 计算出行动价值函数 $Q(S_t, a_t)$。因为是根据实际获得的奖励计算出的行动价值函数 $Q(S_t, a_t)$，所以可信度非常高。但是，这个优点同时也被指出是蒙特卡罗方法的缺点，即 1 次试验不结束就不能更新 $G(S_t, a_t)$，在大规模的计算条件下，到达目标为止的 1 次试验的探索时间变得非常长，所以不能在短时间内得到有效的解。

为了提高蒙特卡罗方法的计算效率，下一节将介绍改良蒙特卡罗方法的 TD 方法，它相当有效。

2.4　TD(0) 方法

在第 1 章中，已经对 TD(0) 方法的理论背景和更新公式的推导进行了说明。在进入本节之前，建议读者先复习第 1 章的相关内容。

在理解 TD(0) 方法原理的前提下，下面从基于网格世界的应用实例来说明 TD(0) 方法的执行过程。

首先再次给出 TD(0) 方法的学习更新公式。

$$V(S_t) \leftarrow V(S_t) + \alpha[\{r_{t+1} + \gamma V(S_{t+1})\} - V(S_t)] \tag{2.47}$$

在网格世界中，一个状态下可以采取 4 种行动，为了求出价值函数，需要计算各行动中的行动价值函数的值。因此，在将式（2.47）应用于网格世界时，要像蒙特卡罗方法一样，在式（2.47）中引入行动变量 a。

$$
\begin{aligned}
&V(S_t, a_t) \leftarrow V(S_t, a_t) + \alpha[\{r_{t+1} + \gamma V(S_{t+1})\} - V(S_t, a_t)] \\
&V(S_t, a_t) \equiv Q(S_t, a_t) \\
&Q(S_t, a_t) \leftarrow Q(S_t, a_t) + \alpha[\{r_{t+1} + \gamma V(S_{t+1})\} - Q(S_t, a_t)]
\end{aligned}
\tag{2.48}
$$

那么，式（2.48）中的 $V(S_{t+1})$ 应该怎么计算呢？实际上，根据对 $V(S_{t+1})$ 的处理，在 TD(0) 方法中产生了两种有名的方法。下面将分别进行详细介绍。

2.4.1 从策略迭代法推导 SARSA 方法

2.2.2 小节中介绍了 ε-Greedy（$\varepsilon = 0$）策略迭代法（On-Policy）。下面把这个策略应用到网格世界。

首先，写明 TD(0) 方法与 DP 方法的不同之处。DP 方法的前提是环境模型是已知的。在更新了一个状态的价值后，随机从剩余的状态中选择了下一个更新的状态。而 TD(0) 方法的基础是蒙特卡罗方法，所以是如图 2.21 所示的漆黑的网格世界。由于环境模型是未知的，因此不能像 DP 方法那样任意地跳过状态。每次都要按照选定的行动移动，移动目的地的状态就是下一个状态，必须遵守这样的规则。

具体来说，在以下几个状态下，试着应用上述规则。

首先在状态 S_t 下计算 $V(S_t)$。

$$
\begin{aligned}
&a_t = \operatorname{argmax}\{Q(S_t, a_{j=R,L,U,D})\} \\
&Q(S_t, a_t) = r + \gamma V(S_{t+1}) \\
&V(S_t) = Q(S_t, a_t) \\
&S_t \rightarrow \boxed{a_t} \rightarrow S_{t+1}
\end{aligned}
\tag{2.49}
$$

与 DP 方法相比，增加的步骤只是式（2.49）。式（2.49）表示，按照刚才说明的行动策略从当前状态移动到下一个状态。执行 a_t，状态变成 S_{t+1}，以此类推，可以计算 $V(S_{t+1})$。

$$
\begin{aligned}
&a_{t+1} = \operatorname{argmax}\{Q(S_{t+1}, a_{j=R,L,U,D})\} \\
&Q(S_{t+1}, a_{t+1}) = r + \gamma V(S_{t+2}) \\
&V(S_{t+1}) = Q(S_{t+1}, a_{t+1}) \\
&S_{t+1} \rightarrow \boxed{a_{t+1}} \rightarrow S_{t+2}
\end{aligned}
\tag{2.50}
$$

状态变成了 S_{t+2}，以此类推，可以计算 $V(S_{t+2})$。

$$
\begin{aligned}
&a_{t+2} = \operatorname{argmax}\{Q(S_{t+2}, a_{j=R,L,U,D})\} \\
&Q(S_{t+2}, a_{t+2}) = r + \gamma V(S_{t+3}) \\
&V(S_{t+2}) = Q(S_{t+2}, a_{t+2}) \\
&S_{t+2} \rightarrow \boxed{a_{t+2}} \rightarrow S_{t+3}
\end{aligned}
\tag{2.51}
$$

状态变成了 S_{t+3}，以此类推，可以计算 $V(S_{t+3})$。学习引擎就会像这样在重复上述过程的同时，更新行动价值函数。

将以上过程总结为以下步骤。

（1）在状态 S_t 下，用行动策略 ε -Greedy 决定行动 a_t。

（2）执行行动，会获得奖励 r，行动价值函数 $Q(S_t, a_t)$ 会被更新。

（3）状态变成下一个状态 S_{t+1}。

按照以上步骤依次展开，可以写成下面这样。

$$\cdots S_t \rightarrow a_t \rightarrow r \rightarrow S_{t+1} \rightarrow a_{t+1} \rightarrow r \rightarrow S_{t+2} \rightarrow a_{t+2} \rightarrow r$$
$$\rightarrow S_{t+3} \rightarrow a_{t+3} \rightarrow r \rightarrow S_{t+4} \rightarrow \cdots$$

如图 2.25 所示，如果加上这种逐次展开表达中的"节奏"，总结上述的计算原理，就能明白被称为 SARSA 的理由。这个过程看起来就像是不断重复的（$S_t \rightarrow a_t \rightarrow r \rightarrow S_{t+1} \rightarrow a_{t+1}$），所以取首字母命名为 SARSA。

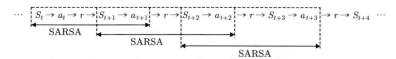

图 2.25 TD(0)-SARSA 方法的效果

2.4.2 TD(0)-SARSA 方法

在上一小节中，由策略迭代法引入了 SARSA 方法。在本小节中，将把 SARSA 方法引入 TD(0) 方法中。如前所述，为了执行 TD(0) 方法的学习公式，需要计算 $V(S_{t+1})$。TD(0)- SARSA 方法可以用前面的公式表示 $V(S_{t+1})$。

$$V(S_{t+1}) = Q(S_{t+1}, a_{t+1}) \tag{2.52}$$

将公式（2.52）代入 TD(0) 方法的学习更新公式（2.47）后，公式（2.48）如下所示。

$$Q(S_t, a_t) \leftarrow Q(S_t, a_t) + \alpha[\{r_{t+1} + \gamma Q(S_{t+1}, a_{t+1})\} - Q(S_t, a_t)] \tag{2.53}$$

式（2.53）中包括 $Q(S_t, a_t)$ 和 $Q(S_{t+1}, a_{t+1})$ 项，所以看起来比较复杂。执行过程基本按照上一小节中介绍的步骤即可，但需要将行动策略改为随机 ε -Greedy 策略。

1. TD(0)-SARSA 方法的基本步骤

下面介绍 TD(0)-SARSA 方法的基本步骤。

（1）在所有的状态下创建 $Q(S_t, a_t)$ 表并设置初始值。

（2）在开始状态 S_1 下，通过随机策略决定下一步行动 a_1。

（3）从 $Q(S_t, a_t)$ 表读取 $Q(S_t, a_t)$。

（4）进行状态更新。

$$S_1 \rightarrow \boxed{a_1} \rightarrow S_2$$

（5）在状态 S_2 下，通过 ε-Greedy 策略决定下一步行动 a_2。

$$\pi(a|s) = \begin{cases} P > \varepsilon = 0.1 & a_{\text{next}} = \text{argmax}\{Q(S_2, a_{j=R,L,U,D})\} \\ P < \varepsilon = 0.1 & a_{\text{next}} = \text{others} \end{cases}$$

（6）从 $Q(S_t, a_t)$ 表读取 $Q(S_2, a_{\text{next}})$。

（7）更新 $Q(S_1, a_1)$。

$$Q(S_1, a_1) \leftarrow Q(S_1, a_1) + \alpha[\{r_2 + \gamma Q(S_2, a_{next})\} - Q(S_1, a_1)]$$

（8）进行状态更新。

$$S_2 \rightarrow \boxed{a_{\text{next}}} \rightarrow S_3$$

（9）重复（4）~（8）的过程，更新 $Q(S_t, a_t)$ 表。

2. 对网格世界的应用

接下来，尝试将 TD(0)-SARSA 方法的学习过程应用于解决蒙特卡罗方法的网格世界问题。所有的问题设置和学习规则都与蒙特卡罗方法相同。把学习率这个参数的值设定为 0.1 ~ 0.01 比较保险。

（1）如图 2.26 所示，起始网格置于状态 S_{30}。根据随机策略，$a_1 = L$。

（2）从 $Q(S_t, a_t)$ 表读取 $Q(S_{30}, L)$。

$$Q(S_{30}, L) = 0$$

（3）进行状态更新。

$$S_{30} \rightarrow \boxed{L} \rightarrow S_{20}$$

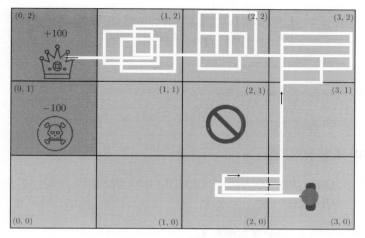

图 2.26　执行 SARSA 方法时的一个情节（episode）

（4）在状态 S_{20} 下，根据 ε-Greedy 策略决定下一步行动 a_2。例如，采样了 $P = 0.03$ 的随机数。

$$(a|s) = \begin{cases} P > \varepsilon = 0.1 & a_{\text{next}} = \text{argmax}\{Q(S_{20}, a_{j=R,L,U,D})\} \\ P < \varepsilon = 0.1 & a_{\text{new}} = \text{others} \end{cases}$$
$$a_{\text{next}} = R$$

（5）从 $Q(S_t, a_t)$ 表读取 $Q(S_{20}, R)$。

$$Q(S_{20}, R) = 0$$

（6）更新 $Q(S_{30}, L)$。

$$Q(S_{30}, L) \leftarrow Q(S_{30}, L) + 0.1[\{0 + 0.9 \times Q(S_{20}, R)\} - Q(S_{30}, L)]$$
$$Q(S_{30}, L) = 0$$

（7）用行动 $a_{\text{next}} = R$ 更新状态 S_{20}。

$$S_{20} \rightarrow \boxed{R} \rightarrow S_{30}$$

（8）在状态 S_{30} 下，根据 ε-Greedy 策略决定下一步行动 a_{next}。例如，采样了 $P = 0.08$ 的随机数。

$$(a|s) = \begin{cases} P > \varepsilon = 0.1 & a_{\text{next}} = \text{argmax}\{Q(S_{20}, a_{j=R,L,U,D})\} \\ P < \varepsilon = 0.1 & a_{\text{next}} = \text{others} \end{cases}$$
$$a_{\text{next}} = U$$

（9）从 $Q(S_t, a_t)$ 表读取 $Q(S_{30}, U)$。

$$Q(S_{30}, U) = 0$$

（10）更新 $Q(S_{20}, R)$。

$$Q(S_{20}, R) \leftarrow Q(S_{20}, R) + 0.1[\{0 + 0.9 \times Q(S_{30}, U)\} - Q(S_{20}, R)]$$
$$Q(S_{20}, R) = 0$$

（11）用行动 $a_{\text{next}} = U$ 更新状态 S_{30}。

$$S_{30} \rightarrow \boxed{U} \rightarrow S_{31}$$

（12）在状态 S_{31} 下，根据 ε-Greedy 策略决定下一步行动 a_{next}。

$\vdots$

（120）用行动 $a_{\text{next}} = L$ 更新状态 S_{12}。

$$S_{12} \rightarrow \boxed{L} \rightarrow S_{02}$$

（121）更新 $Q(S_{12}, L)$。

$$Q(S_{12}, L) \leftarrow Q(S_{12}, L) + 0.1[\{100 + 0.9 \times Q(S_{02})\} - Q(S_{12}, L)]$$
$$Q(S_{12}, L) = 0 + 0.1(100 + 0.9 \times 0) = 10$$

在这里到达终点，第 1 次试验就结束了。学习引擎再次被重置到开始网格点状态 S_{30}，开始第 2 次试验。之后，重复同样的试验，不断更新行动价值函数。

图 2.27 总结了第 1 次和最后一次的结果。此外，还展示了收敛后的价值函数的值和获得的策略。中间的过程与蒙特卡罗方法相似，但有一点与蒙特卡罗方法不同，它可以在每一步更新行动价值函数 $Q(S_t, a_t)$。

各状态下的 $Q(S_t, a_t)$ 表：第 1 次的结果

S_{30}				S_{31}				S_{32}				S_{20}				S_{22}			
R	L	U	D	R	L	U	D	R	L	U	D	R	L	U	D	R	L	U	D
0	0	0	0	0	0	0	0	0	0	0	0	0	0	0	0	0	0	0	0

S_{10}				S_{11}				S_{12}				S_{00}			
R	L	U	D	R	L	U	D	R	L	U	D	R	L	U	D
0	0	0	0	0	0	0	0	0	10	0	0	0	0	0	0

各状态下的 $Q(S_t, a_t)$ 表：第 5000 次的结果

S_{30}				S_{31}				S_{32}				S_{20}				S_{22}			
R	L	U	D	R	L	U	D	R	L	U	D	R	L	U	D	R	L	U	D
45.6	39.8	54.8	48.0	52.9	52.2	62.3	43.2	61.9	73.4	61.7	50.0	44.4	40.7	39.0	39.8	62.3	85.0	71.8	72.3

S_{10}				S_{11}				S_{12}				S_{00}			
R	L	U	D	R	L	U	D	R	L	U	D	R	L	U	D
37.5	20.3	52.6	34.2	56.8	-99.9	83.9	40.7	66.1	100	81	63	37.2	8.53	-34.3	2.20

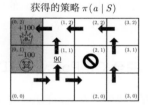

有 Code　图 2.27　用 TD(0)-SARSA 方法计算的结果

2.4.3　由价值迭代法推导 TD(0)-Q 方法

在 2.2.3 小节中，介绍了 ε-Greedy 价值迭代法。该方法的最大特点是，将策略迭代等行动的选择，与通过所选行动来更新价值这两个过程合二为一，实现一站式学习。用公式表示如下：

$$V_\pi(S) = \max\{Q_\pi(S, a_{j=R,L,U,D})\} \tag{2.54}$$

这种价值函数的表达方式，可以直接代入 TD(0) 方法的学习更新公式中，进行如下公式转换。

$$Q(S_t, a_t) \leftarrow Q(S_t, a_t) + \alpha[\{r_{t+1} + \gamma V(S_{t+1})\} - Q(S_t, a_t)]$$
$$V(S_{t+1}) = \max\{Q_\pi(S_{t+1}, a_{j=R,L,U,D})\} \tag{2.55}$$

将式（2.54）代入式（2.48）中，就能得到如下公式。

$$Q(S_t, a_t) \leftarrow Q(S_t, a_t) + \\ \alpha[\{r_{t+1} + \gamma \times \max\{Q_\pi(S_{t+1}, a_{j=R,L,U,D})\}\} - Q(S_t, a_t)] \quad (2.56)$$

像式（2.56）那样更新行动价值函数的方法，称为 TD(0)-Q 方法。如 2.2.3 小节所述，使用式（2.34）的方法是一种 Off-Policy 的学习方法，即不需要移动到下一个状态的行动策略。基于同样的理由，TD(0)-Q 方法也是 Off-Policy。下面将按照步骤具体说明 TD(0)-Q 方法的原理。

（1）在某个状态 S_t 下，随机选择行动 a_t。

（2）从当前状态 S_t 移动到下一个状态 S_{t+1}。

（3）取移动到的状态下可能采取的行动的行动价值函数的最大值。

（4）将行动价值函数的最大值代入式（2.56），更新 $Q(S_t, a_t)$。

（5）在 S_{t+1} 状态下选择任意的行动 a_t，从 S_{t+1} 移动到下一个状态 S_{t+2}。

（6）重复（1）~（5）。

2.4.4　完全 Off-Policy 的 TD(0)-Q 方法

读者很快就会发现，TD(0)-Q 方法比 TD(0)-SARSA 方法简洁得多。下面通过网格世界的应用示例，来学习如何使用 TD(0)-Q 方法。

前提条件和学习规则与 TD(0)-SARSA 方法完全相同。因为是 Off-Policy，这意味着在选择行动时使用什么样的策略都可以。

为了充分理解 Off-Policy 的含义，需要设置完全的 Off-Policy 和局部的 Off-Policy 这两个条件进行学习。

下面把执行发布代码的结果的一部分按步骤分解描述。请下载代码，自行练习。

这里，完全的 Off-Policy 对应于 ε-Greedy（$\varepsilon = 1$）随机策略，局部的 Off-Policy 对应于 ε-Greedy（$\varepsilon = 0.1$）策略。

（1）在开始状态 S_{30} 有一个学习引擎。从随机策略中取 $a = L$。

（2）从 $Q(S_t, a_t)$ 表读取 $Q(S_{30}, R)$。

$$Q(S_{30}, L) = 0$$

（3）进行状态更新。

$$S_{30} \rightarrow \boxed{L} \rightarrow S_{20}$$

（4）在状态 S_{20} 下，从 $Q(S_t, a_t)$ 表得到以下公式。

$$\max \{ Q(S_{20}, a_{j=R,L,U,D}) \} = 0$$

（5）使用式（2.56）更新 $Q(S_{30}, L)$ 。

$$Q(S_{30}, L) \leftarrow Q(S_{30}, L) + \\ 0.1 \times [\{ 0 + 0.9 \times \max \{ Q(S_{20}, a_{j=R,L,U,D}) \} \} - Q(S_{30}, L)]$$
$$Q(S_{30}, L) = 0$$

（6）在状态 S_{20} 下，从随机策略中取 $a = L$ 。

（7）进行状态更新。

$$S_{20} \rightarrow \boxed{L} \rightarrow S_{10}$$

（8）在状态 S_{10} 下，从 $Q(S_t, a_t)$ 表得到以下公式。

$$\max \{ Q(S_{10}, a_{j=R,L,U,D}) \} = 0$$

（9）使用式（2.56）更新 $Q(S_{20}, L)$ 。

$$Q(S_{20}, L) \leftarrow Q(S_{20}, L) + \\ 0.1 \times [\{ 0 + 0.9 \times \max \{ Q(S_{10}, a_{j=R,L,U,D}) \} \} - Q(S_{20}, L)]$$
$$Q(S_{20}, L) = 0$$

（10）在状态 S_{20} 下，从随机策略中取 $a = L$。

$\vdots$

（61）在状态 S_{12} 下，从随机策略中取 $a = L$。

（62）进行状态更新。

$$S_{12} \rightarrow \boxed{L} \rightarrow S_{02}$$

（63）在状态 S_{02} 下，从 $Q(S_t, a_t)$ 表得到下式：

$$\max Q(S_{02}, a_{j=R,L,U,D}) = 0$$

注意：终点处的行动价值函数的值为 0。

（64）使用式（2.56）更新 $Q(S_{12}, L)$。

$$Q(S_{12},L) \leftarrow Q(S_{12},L) +$$
$$0.1 \times [\{100 + 0.9 \times \max\{Q(S_{02}, a_{j=R,L,U,D})\}\} - Q(S_{12},L)]$$
$$Q(S_{12},L) = 10$$

注意：$r = 100$ 。

这样，第 1 次试验就结束了。学习引擎被重置为开始状态 S_{30}，重新开始学习。图 2.28 展示了到第 10 次试验为止的行动价值函数和价值函数的结果，以及价值函数求出的策略。仅仅经过 10 次的试验，就制定出了相应的策略。由此可见，TD(0)-Q 方法的学习效率之高。

下面介绍局部 Off-Policy (On-Policy) 的 TD(0)-Q 方法。

各状态下的 $Q(S_t, a_t)$ 表：第 1 次的结果

S_{30}				S_{31}				S_{32}				S_{20}				S_{22}			
R	L	U	D	R	L	U	D	R	L	U	D	R	L	U	D	R	L	U	D
0	0	0	0	0	0	0	0	0	0	0	0	0	0	0	0	0	0	0	0

S_{10}				S_{11}				S_{12}				S_{00}			
R	L	U	D	R	L	U	D	R	L	U	D	R	L	U	D
0	0	0	0	0	0	0	0	0	10	0	0	0	0	−10	0

各状态下的 $Q(S_t, a_t)$ 表：第 10 次的结果

S_{30}				S_{31}				S_{32}				S_{20}				S_{22}			
R	L	U	D	R	L	U	D	R	L	U	D	R	L	U	D	R	L	U	D
0.05	0.02	0.48	0.01	0.33	0.54	2.24	0.07	2.63	9.14	2.68	0.40	0.04	0.24	0.01	0.02	2.74	19.6	8.19	5.57

S_{10}				S_{11}				S_{12}				S_{00}			
R	L	U	D	R	L	U	D	R	L	U	D	R	L	U	D
0.04	0	0.79	0.02	0.68	−27.1	6.01	0.05	5.58	46.8	1.71	0.61	0	0	−10	0

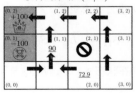

$V(S_t) = \max\{Q(S_t, a_t)\}$

获得的策略 $\pi(a \mid S)$

有 Code 图 2.28 使用完全 Off-Policy 的 TD(0)-Q 方法计算的结果

2.4.5　局部 Off-Policy 的 TD(0)-Q 方法

对于前面介绍的完全 Off-Policy 的 TD(0)-Q 方法，每次更新的 $Q(S_t, a_t)$ 表的作用是为了执行 $\max\{Q(S.., a_{j=R,L,U,D})\}$ 的计算。

$Q(S_t, a_t)$ 表与策略完全无关。这一点是 TD(0)-Q 方法与其他方法的根本区别。Off-Policy 中的 Off 是指在决定行动时不参考 $Q(S_t, a_t)$ 表。

不过，第 3 章中提到的函数近似法和深度强化学习中的 TD(0)-Q 方法并不能应用完全 Off-Policy。详细原因会在第 3 章中说明，这里介绍的不是完全 Off-Policy，而是局部 Off-Policy 的 TD(0)-Q 方法。局部 Off-Policy 的意思是对更新的 $Q(S_t, a_t)$ 表应用 ε-Greedy（$\varepsilon = 0.05 \sim 0.1$）策略。通过与 2.3 节相同的网格世界应用实例，说明每一步的执行方法。

（1）在开始状态 S_{30} 有一个学习引擎。由随机策略选择 $a = L$。

（2）从 $Q(S_t, a_t)$ 表读取 $Q(S_{30}, L)$。

$$Q(S_{30}, L) = 0$$

（3）进行状态更新。

$$S_{30} \rightarrow \boxed{L} \rightarrow S_{20}$$

（4）在状态 S_{20} 下，从 $Q(S_t, a_t)$ 表得到下式。

$$\max\{Q(S_{20}, a_{j=R,L,U,D})\} = 0$$

（5）更新 $Q(S_{30}, L)$。

$$Q(S_{30}, L) \leftarrow Q(S_{30}, L) +$$
$$0.1 \times [\{0 + 0.9 \times \max\{Q(S_{20}, a_{j=R,L,U,D})\}\} - Q(S_{30}, L)]$$
$$Q(S_{30}, L) = 0$$

（6）在状态 S_{20} 下，根据 ε-Greedy 策略决定下一步行动 a_{next}。例如，采样了 $P = 0.03$ 的随机数。

$$(a|s) = \begin{cases} P > \varepsilon = 0.1 & a_{\text{next}} = \text{argmax}\{Q(S_{20}, a_{j=R,L,U,D})\} = R \\ P < \varepsilon = 0.1 & a_{\text{new}} = \text{others} \end{cases}$$
$$a_{\text{next}} = L$$

（7）进行状态更新。

$$S_{20} \rightarrow \boxed{L} \rightarrow S_{10}$$

（8）在状态 S_{10} 下，从 $Q(S_t, a_t)$ 表得到下式。

$$\max \{ Q(S_{10}, a_{j=R,L,U,D}) = 0 \}$$

（9）更新 $Q(S_{20}, L)$ 。

$$Q(S_{20}, L) \leftarrow Q(S_{10}, L) +$$
$$0.1 \times [\{ 0 + 0.9 \times \max \{ Q(S_{10}, a_{j=R,L,U,D}) \} \} - Q(S_{20}, L)]$$
$$Q(S_{20}, L) = 0$$

（10）在状态 S_{10} 下，根据 ε -Greedy 策略决定下一步行动 a_{next}。例如，采样了 $P = 0.3$ 的随机数。

$$(a|s) = \begin{cases} P > \varepsilon = 0.1 & a_{\text{next}} = \text{argmax} \{ Q(S_{10}, a_{j=R,L,U,D}) \} = R \\ P < \varepsilon = 0.1 & a_{\text{new}} = \text{others} \end{cases}$$
$$a_{\text{next}} = R$$

$\vdots$

（61）在状态 S_{12} 下，根据 ε -Greedy 策略决定下一步行动 a_{next}。例如，采样了 $P = 0.06$ 的随机数。

$$(a|s) = \begin{cases} P > \varepsilon = 0.1 & a_{\text{next}} = \text{argmax} \{ Q(S_{12}, a_{j=R,L,U,D}) \} = R \\ P < \varepsilon = 0.1 & a_{\text{new}} = \text{others} \end{cases}$$
$$a_{\text{next}} = L$$

（62）进行状态更新。

$$S_{12} \rightarrow \boxed{L} \rightarrow S_{02}$$

（63）在状态 S_{02} 下，从 $Q(S_t, a_t)$ 表得到下式。

$$\max Q(S_{02}, a_{j=R,L,U,D}) = 0$$

注意：终点处的行动价值函数的值 $=0$。

（64）使用式（2.56）更新 $Q(S_{12}, L)$ 。

$$Q(S_{12}, L) \leftarrow Q(S_{12}, L) +$$
$$0.1 \times [\{100 + 0.9 \times \max\{Q(S_{02}, a_{j=R,L,U,D})\}\} - Q(S_{12}, L)]$$
$$Q(S_{12}, L) = 10$$

注意：$r = 100$。

至此，第 1 次试验结束。之后，学习引擎被重置为开始状态 S_{30}，重新开始学习。为了与完全 Off-Policy 方法进行比较，图 2.29 展示了到第 10 次试验为止的行动价值函数的结果和价值函数的结果，以及从价值函数求出的策略。

从图 2.29 可以看出，经过 10 次试验，用局部 Off-Policy 方法更新的价值函数的网格点的数量比完全 Off-Policy 方法少。另外，可以看出通过 10 次试验获得的最优策略也没有向理想策略收敛。

各状态下的 $Q(S_t, a_t)$ 表：第 1 次的结果

S_{30}				S_{31}				S_{32}				S_{20}				S_{22}			
R	L	U	D	R	L	U	D	R	L	U	D	R	L	U	D	R	L	U	D
0	0	0	0	0	0	0	0	0	0	0	0	0	0	0	0	0	0	0	0

S_{10}				S_{11}				S_{12}				S_{00}			
R	L	U	D	R	L	U	D	R	L	U	D	R	L	U	D
0	0	0	0	0	0	0	0	0	10	0	0	0	0	−10	0

各状态下的 $Q(S_t, a_t)$ 表：第 10 次的结果

S_{30}				S_{31}				S_{32}				S_{20}				S_{22}			
R	L	U	D	R	L	U	D	R	L	U	D	R	L	U	D	R	L	U	D
0.01	0	0.03	0.01	0	0	0.19	0	0.61	1.28	0.62	0.02	0	0	0	0	10.3	0.22	50	

S_{10}				S_{11}				S_{12}				S_{00}			
R	L	U	D	R	L	U	D	R	L	U	D	R	L	U	D
0	0	0	0	0	−0	3.09	0	0	46.8	0	0	0	0	−34.4	0

$V(S_t) = \max\{Q(S_t, a_t)\}$

获得的策略　$\pi(a \mid S)$

有 Code 图 2.29　局部 Off-Policy 的 TD(0)-Q 方法

这些结果表明，使用了策略的局部 Off-Policy 的 TD(0)-Q 方法，比使用完全 Off-Policy 的 TD(0)-Q 方法的学习效率低。为了更详细地比较这两种方法，引入了一个评估标准，即在某个状态下每个行动的行动函数的最大更新量 $\max_a\{\Delta Q(S_t, a_t)\}$。图 2.30 总结了对两种 TD(0)-Q 方法分别进行 200 次和 5000 次试验的计算结果。

从图 2.30 可以看出，再次将 ε-Greedy 应用于 TD(0)-Q 方法时，价值函数值的收敛变慢了。

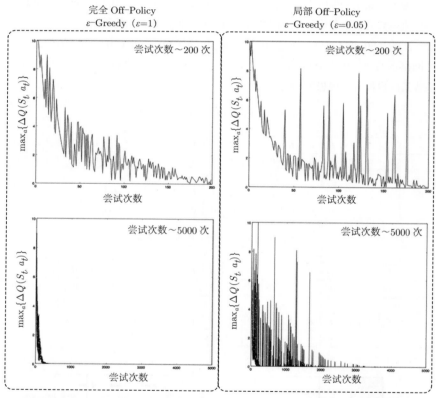

有 Code 图 2.30 对两种 TD(0)-Q 方法分别进行 200 次和 5000 次试验的计算结果的比较

2.4.6 TD(0)-Q 方法与 TD(0)-SARSA 方法的比较

至此，介绍了 TD 方法中的 Q 方法和 SARSA 方法，但是，到底应该使用哪种方法呢？本小节将对这些方法进行简单的比较。从两种方法的原理来看，有以下两点不同。

1. 价值的表达

TD-Q 方法

$$V(S_{t+1}) = \max\{Q_\pi(S_{t+1}, a_{j=R,L,U,D})\}$$

TD-SARSA 方法

$$(S_{t+1}) = Q_\pi(S_{t+1}, a_{t+1})$$

2. 策略

TD-SARSA 方法

$$\pi(a|s) = \begin{cases} P > \varepsilon = 0.1 & a_{\text{next}} = \operatorname{argmax}\{Q(S_{..}, a_{j=R,L,U,D})\} \\ P < \varepsilon = 0.1 & a_{\text{next}} = \text{others} \end{cases} \tag{2.57}$$

TD-Q 方法（完全 Off-Policy）

$$\pi_1(a|s) = \{ \text{ 随机策略 } \varepsilon\text{-Greedy 策略 } (\varepsilon = 1) \tag{2.58}$$

TD-Q 方法（局部 Off-Policy）

$$\pi_2(a|s) = \begin{cases} P > \varepsilon = 0.1 & a_{\text{next}} = \operatorname{argmax}\{Q(S_{..}, a_{j=R,L,U,D})\} \\ P < \varepsilon = 0.1 & a_{\text{next}} = \text{others} \end{cases} \tag{2.59}$$

图 2.31 为了公平比较两种方法的学习效果，对随机数种子设置了相同的环境设定和学习条件。试验次数为 5000 次。可以看出，TD-SARSA 方法即使重复 5000 次试验，其获得的行动价值函数值仍然没有收敛。与此相对，TD-Q 方法在相同计算条件下表现出了卓越的收敛性。

另外，图 2.31 的下半部分是通过两种方法分别获得的最后的价值函数的值。可知 TD-Q 方法与 DP 方法的最优策略得到的理想解的值相同（参见图 2.16）。

而 TD-SARSA 方法的某些状态价值较低。特别是在网格 (0,0) 中，5000 次试验后的价值一直是 0，没有更新。因此，在将 TD-SARSA 方法应用于比网格世界的学习环境更复杂的问题时，需要充分注意。

此外，还验证了如果将 Off-Policy 应用于 TD-SARSA 法会怎么样。图 2.32 展示了验证结果。从图 2.32 的结果可以看出，如果将 Off-Policy 应用于 TD-SARSA 方法，从收敛性到获得的价值函数的值，学习结果都非常糟糕。特别是价值函数的值，与 DP 方法的随机策略得到的价值（参见图 2.12）有相同的趋势。出现一个负值，它是接近于负奖励的网格点状态函数的值，可以认为所使用的策略显然不是最优的。

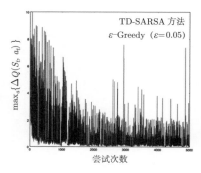
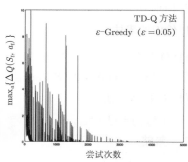

TD-SARSA 方法 $V(S_t) = \max\{Q(S_t, a_t)\}$

(0, 2) +100 👑	(1, 2) <u>100</u>	(2, 2) <u>89.60</u>	(3, 2) <u>80.3</u>
(0, 1) −100 ☠	(1, 1) <u>89.9</u>	(2, 1) 🚫	(3, 1) <u>72.1</u>
<u>0</u> (0, 0)	<u>43.9</u> (1, 0)	<u>57.5</u> (2, 0)	<u>64.7</u> (3, 0)

TD-Q 方法 $V(S_t) = \max\{Q(S_t, a_t)\}$

(0, 2) +100 👑	(1, 2) <u>100</u>	(2, 2) <u>90</u>	(3, 2) <u>81</u>
(0, 1) −100 ☠	(1, 1) <u>90</u>	(2, 1) 🚫	(3, 1) <u>72.9</u>
<u>72.9</u> (0, 0)	<u>81</u> (1, 0)	<u>72.9</u> (2, 0)	<u>65.6</u> (3, 0)

有 Code 图 2.31 TD-SARSA 方法与 TD-Q 方法的比较

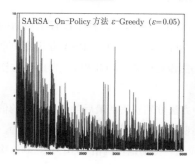
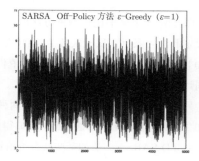

SARSA_On-Policy 方法 $V(S_t) = \max\{Q(S_t, a_t)\}$

(0, 2) +100 👑	(1, 2) <u>100</u>	(2, 2) <u>89.60</u>	(3, 2) <u>80.3</u>
(0, 1) −100 ☠	(1, 1) <u>89.9</u>	(2, 1) 🚫	(3, 1) <u>72.1</u>
<u>0</u> (0, 0)	<u>43.9</u> (1, 0)	<u>57.5</u> (2, 0)	<u>64.7</u> (3, 0)

SARSA_Off-Policy 方法 $V(S_t) = \max\{Q(S_t, a_t)\}$

(0, 2) +100 👑	(1, 2) <u>100</u>	(2, 2) <u>30.3</u>	(3, 2) <u>13.7</u>
(0, 1) −100 ☠	(1, 1) <u>12.8</u>	(2, 1) 🚫	(3, 1) <u>5.0</u>
<u>−30.4</u> (0, 0)	<u>−12.1</u> (1, 0)	<u>−5.62</u> (2, 0)	<u>−0.35</u> (3, 0)

有 Code 图 2.32 TD-SARSA 方法的 On-Policy 和 Off-Policy 执行结果的比较

策略和价值函数是支撑强化学习算法的两大支柱。在第 3 章和第 4 章中，将内容展开至用多项式和神经网络等近似函数来逼近价值函数与策略。虽然难度越来越高，但只要牢牢掌握本章介绍的有关策略的各种概念和基本知识，就能完全理解。为此，强烈推荐读者在学习的同时充分利用标注 **有 Code** 的图所提供的 Python 和 MATLAB 的发布代码。

总结

（1）要从多个候选行动中选择一个行动，就需要行动策略。产生最大价值的策略是最佳行动策略，探索和利用是最佳行动策略的基石。

（2）DP 方法的最佳策略有价值迭代法。根据下次选择行动时如何参考当前的价值函数值，可以分为 On-Policy 方法和 Off-Policy 方法。

（3）蒙特卡罗方法中的 $Q(S_t, a_t)$ 是从最终奖励中根据各状态下的访问次数计算出来的。

（4）TD-SARSA 方法与 On-Policy 方法的价值迭代法相对应。TD-Q 方法与 On-Policy 方法的价值迭代法相对应。

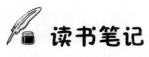 读书笔记

第 3 章

函数近似方法

3.0 简介

强化学习课题的基本要素是状态和行动。当然也有奖励这一要素，但奖励通常被设定为仅限于某一特定状态的要素。

在第 2 章所使用的由 12 个网格组成的网格世界中，为了表现各状态的行动价值函数，引入了 $Q(S_t, a_t)$ 表。在强化学习中，使用 $Q(S_t, a_t)$ 表进行计算被称为网格分析法 (Tabular method)。网格分析法有以下两个弱点。

（1）难以适用于大规模问题。

如果是由 12 个网格组成的网格世界，使用 $Q(S_t, a_t)$ 表可以应对，但如果有成千或数百万个状态，那么计算机果真可以使用 $Q(S_t, a_t)$ 表进行计算吗？在下面的例子中，考虑一下所需的内存吧（这只是粗略估计，并非严格计算）。

- 状态数＝ 1000000。
- 各状态下的行动数＝ 4。
- $Q(S_t, a_t)$ 表的元素数＝ 4000000。

1 个元素的值用 64bit 表示的话，需要的内存为：4000000 × 64 bit＝ 256 Mbit。

当行动数量增加时，需要的内存如下。

- 行动的数量＝ 16：16000000 × 64 bit ≈ 1 Gbit。
- 行动的数量＝ 64：64000000 × 64 bit ≈ 4 Gbit。
- 行动的数量＝ 640：640000000 × 64 bit ≈ 40 Gbit。

使用如此巨大的内存进行计算，普通的计算机很难处理。

（2）难以适用于具有连续状态的问题。

这样的连续状态用 $Q(S_t, a_t)$ 表计算的话，需要对连续状态进行离散化处理。如果连续值的区间较大，则需要精确地离散化，因此状态数会爆炸性地上升，有可能无法计算。

在强化学习中，为了应对上述问题，开发了函数近似方法。在理解这个背景的基础上来学习强化学习的函数近似方法，是非常重要的。

$Q(S_t, a_t)$ 表和函数近似方法各有优缺点，需要根据问题的条件和规模正确区分使用。另外，关于函数近似方法，将在下一节进行详细说明，其基本原理属于机器学习的回归问题。因此，为了说明函数近似，暂且抛开强化学习，复习一下机器学习的基本知识。然后，在 3.3.3 小节中加入强化学习的计算方法，以这样的流程进行说明。

■ 3.1 函数近似的基本概念

首先引入函数近似的基本概念。对于函数近似这一表示方式，很多人会感到陌生。因此，本节使用中学学到的一次函数和二次函数，来说明函数近似器的基本概念。

下面是一般函数的表达方式。

$$y = f(x) \tag{3.1}$$

式（3.1）是只有一个变量的函数。多变量的情况如下：

$$y = f(x_1, x_2, \cdots) \tag{3.2}$$

为了便于理解，用只有一个变量的例子来说明。用公式来表示一次函数和二次函数。

一次函数 $y = ax + b$（线性）

二次函数 $y = ax^2 + bx + c$（非线性）

到这里为止是对函数的说明，函数近似的含义则与此有很大不同，如图 3.1 所示。

图 3.1（a）中有 20 个采样点 (x, y)。在具有相同采样点的图 3.1（b）中画了三条直线。现在问题来了，在这些直线中，直观上可以称为函数近似的是哪条呢？

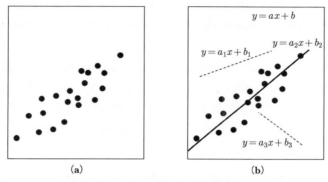

图 3.1　用于回归的样本数据和线性回归模型

我想大部分人都会回答：是穿过很多样本点的直线 $y = a_2 x + b_2$。回答正确。这是函数近似的抽象说明。更严格地说，函数近似就是使用函数来近似地表现样本点的分布。

使用函数来近似地表现样本点的分布，有哪些优点呢？如果是熟悉机器学习的读者，可以马上回答出"对未知数据和新数据的预测"。回答当然正确。预测在强化学习中也非常重要。关于这一点，将在下一节和第 4 章中详细展开介绍。函数近似尽管在机器学习领域不太被重视，但在强化学习中非常重要，在本节中将介绍它的另一大优点。

在图 3.1 中计算一下采样点的数量。图 3.1（a）中的采样点的数量为 20 个。如果使用线性函数来近似，这些样本的分布可以用 $y = ax + b$ 来表示。为了计算这个函数的值，也就是 y 的值，只需 a 和 b 两个参数。顺便说一下，x 是变量，所以通常是已知的初始值。

已经知道函数近似的优点了吗？如果不使用函数近似，为了表现样本点的分布，就必须使用样本点本身，而它的数量通常会非常多。但是如果使用函数近似，就可以用 a 和 b 两个参数来表现 20 个样本点的分布情况。

以上内容很容易理解，但是在强化学习中如何应用，恐怕很难想象。实际上，这个函数近似的功能是对简介中提到的 $Q(S_t, a_t)$ 表中的连续状态问题和状态数爆发问题有效且唯一的对策。下一节将对此进行详细说明。

3.2 使用函数近似模型的 $V(S_t)$ 表达方式

如果将 $Q(S_t, a_t)$ 表的所有数据视为采样点，$Q(S_t, a_t)$ 表的数据值也可以使用函数来近似。下面将说明函数近似与一直用到现在的 $Q(S_t, a_t)$ 表之间的联系。这里再次考虑网格世界的例子。

网格世界的网格点索引使用的是 (x, y) 这样的二维坐标，但为了简化问题，在网格点索引上添加了如图 3.2 所示的一维顺序。图 3.2（a）中的图表是第 2 章的最佳策略达成的最佳价值函数 $V(S_t)$ 的值。$V(S_t)$ 是从 $Q(S_t, a_t)$ 表中由 $V(S_t)=\max\{Q(S_t, a_t)\}$ 求出来的。下面看一下使用函数近似模型的 $V(S_t)$ 表达方式。

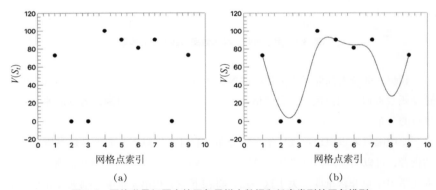

图 3.2　网格世界问题中的回归用样本数据和任意类型的回归模型

下面确定函数的变量。

x：网格点索引。

V：价值函数 $V(S_t)$ 的值。

上面的 (x, V) 可以作为样本点简单绘制，结果如图 3.2（b）所示。这与图 3.2（a）中的图表相似，有 9 个样本点，可以使用线性函数来近似样本点的分布。作为例子，在图 3.2（b）所示的图表中直观地画出了一条曲线。

关于如何求得这条曲线，以及怎样才能得到最佳的近似曲线，将在 3.3.2 小节中详细描述。这里要强调的是，即使是网格世界这样的强化学习课题，也可以用函数近似来表示价值函数值。如果理解了这一点，接下来的任务就是如何进行函数近似了。关于这一点，通过上面的例子说明了函数近似的基本方法。

价值函数近似按照以下的基本步骤进行。

1. 获取样本数据

样本数据的精度和质量在很大程度上决定了函数近似的结果。看图 3.2（a）中的图表，应该马上就明白了。如果这些点的一部分变成了另一种形状，近似函数当然也会相应地变化。在进行函数近似之前，研究样本点的收集方法和评估收集到的样本点是非常重要的。

2. 近似函数模型的设计

作为可靠的样本数据，假设得到了图 3.2 所示的价值函数的值，就可以在此设计一个近似函数模型。对 9 个点设计函数 $f(x)$，使该函数的输入变量近似于对应计算值 $f(x_i)$ 的样本点 V_i 的值。关于图 3.2 中的价值函数的结果，分为单变量和双变量来叙述应该进行怎样的函数近似。

（1）单变量的函数近似模型。

在图 3.2（b）中设计了以网格点索引为变量的函数，只有一个变量。公式如下。

$$V = f(x) \tag{3.3}$$

那么，我们来仔细分析一下这个 $f(x)$ 中的内容。最简单的是，像式（3.4）一样应用上一节说明的线性近似，写成表达式如下所示。

$$f(x) = ax + b \tag{3.4}$$

但是，很快就会发现 9 个样本数据的分布无论如何都不能近似成直线。也就是说，需要非线性函数。例如，使用以下的多项式，就可以表示非线性。

$$
\begin{aligned}
f_1(x) &= ax^2 + bx + c \\
f_2(x) &= ax^3 + bx^2 + cx + d \\
f_3(x) &= ax^4 + bx^3 + cx^2 + dx + e \\
f_4(x) &= ax^5 + bx^4 + cx^3 + dx^2 + ex + f
\end{aligned}
\tag{3.5}
$$

设计了以上 4 种多项式函数。使用每个函数，对价值函数的值进行近似。进行近似是指，确定每个函数中的参数（这里是 a，b，$\cdots$，f）的值。具体参数的计算方法将在下一节中说明。这里只看结果。

从图 3.3 可以看出，设计的函数不同，近似效果也不同。其中 2 次和 3 次多项式并没有反映出数据的特征分布。如果进一步升维，可以看到大致反映了样本数据的分布。只不过，验证函数近似模型的有效性是机器学习领域的一大课题。通常会同时准备训练数据和验证数据进行验证。这方面的基础知识在专业的机器学习文献中有详细的描述。

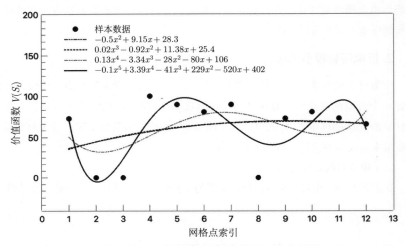

图 3.3　网格世界问题中的多项式回归模型的比较

（2）双变量的函数近似模型。

单变量的函数近似模型可以将结果可视化，直观地对模型的有效性和近似结果进行定性分析。但是，强化学习的问题是，输入变量往往是高维的、多变量的。多变量的函数近似模型表现力更加丰富，但是结果的可视化变得困难。

这里使用多变量中最简单的双变量函数近似模型，设计图 3.2 的价值函数的近似函数。与单变量不同的地方只是多了输入变量。原本网格世界是一个由学习引擎在平面上移动进行学习的课题。对于单变量，使用网格点索引作为变量。如果是双变量，就直接使用第 2 章中用到的网格点坐标。换句话说，就是使用第 2 章中提到的二维网格索引。

网格世界问题中回归样本数据的二维表示如图 3.4 所示。图 3.4（a）是第 2 章中使用的网格世界模型，使用了网格点坐标 (x, y)。因为是离散网格，所以 x、y 的值是跳跃的整数值。

图 3.4（b）描绘了其坐标点及其网格点的价值函数值。

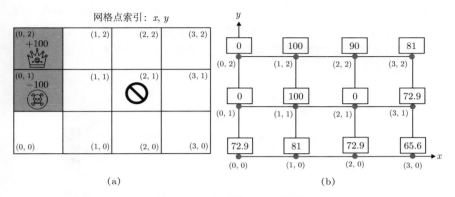

图 3.4　网格世界问题中回归样本数据的二维表示

将双变量的函数近似模型写成公式的话，如下所示。

$$V = f(x,y) \tag{3.6}$$

关于 $f(x, y)$ 的具体形式的函数的例子如下所示。

$$f(x,y) = ax + by + c$$
$$f(x,y) = ax + by + cxy + d \tag{3.7}$$
$$f(x,y) = ax^2 + bx + cy + dxy + e$$

因为很难想象，所以用图表来表现。图 3.5（a）是样本数据的三维绘图。图 3.5（b）是使用某双变量函数对价值函数的值进行近似后的结果。具体的说明将在下一节进行，但仅看就会觉得形状复杂。如果再将该三维曲面降为二维，并用等高线图表示的话，就是图 3.5（c）。颜色的深浅表示值的高低。如果想表示等高线的数量多的地方有多陡峭，可以对应图 3.5（b）中的图表。

3. 函数近似模型的参数学习

函数近似方法的最后一步是参数的学习。设计出来的函数模型不能直接使用。因为函数模型中出现的参数的值尚未确定。

从下一节开始，将灵活运用机器学习的方法，来学习强化学习的价值函数近似模型的参数。

参数的学习是机器学习的基本内容，原本是超出强化学习范畴的内容。但是近年来，最先进的强化学习，使用深层神经网络这一强大的函数近似模型，取得了前所未有的学习成果。可以预见，今后强化学习将越来越多地采用函数近似功能。强化学习与深度学习的融合，正在掀起一场新的强化学习革命。也就是说，今后包括深度学习在内的机器学习领域的知识和技术达到高级水平，是实现强化学习高级水平的条件。

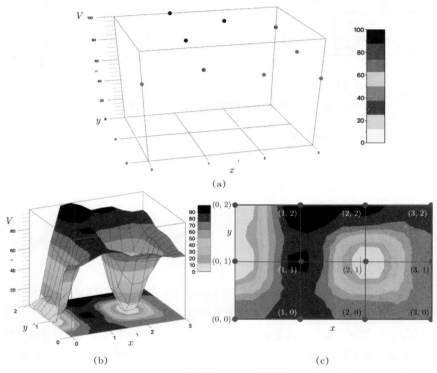

图 3.5　网格世界问题中回归样本数据的三维表示

3.3　机器学习的价值函数回归

3.3.1　从误差函数得出的回归和分类

从本小节开始，将讲解机器学习的知识。为此要统一专业术语。之前所使用的"函数近似模型"是强化学习的专业书籍中经常使用的专业术语，我们一直是按照该习惯来使用的。但是，在机器学习中，回归和分类这种专业术语比函数近似更常用。函数近似模型应该统一为回归问题还是分类问题呢？下面复习一下机器学习中的回归和分类的内容。在机器学习领域其实没有关于回归和分类的统一定义。以下是从误差函数的角度分析的回归和分类的定义。如图 3.6（a）所示，其中的图表展示了回归的定义，即回归是针对一个点进行的，由于是点回归，所以无论是在点的右侧还是左侧，都表现为误差，离点越远，误差越大。表现这种倾向的公式称为误差函数。

点回归的误差函数中最简单的是具有抛物线形状的二次曲线。用公式表示如下。

$$E = \{d - f(x)\}^2 \tag{3.8}$$

其中，d 是 3.2 节中的样本数据；$f(x)$ 也是 3.2 节中的近似函数，本小节称之为回归函数。另外，图 3.6（b）表示分类。从误差函数的角度来看，分类可以理解为区域中的回归。图 3.6（b）假设有两种分类。右边的区域是 "1"，左边的区域是 "0"。如果 "1" 是正确答案，"0" 是错误答案，那么一定是越往右边的区域误差越低，越往左边的区域误差越高。

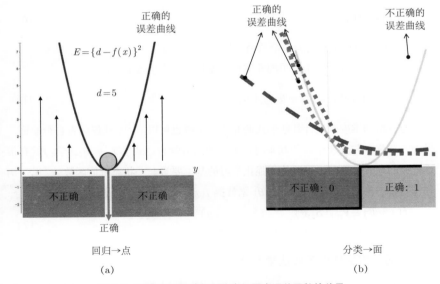

图 3.6　机器学习的回归和分类问题中误差函数的差异

表示这种倾向的公式就是分类的误差函数。从图 3.2（b）中可以看出，具有适合点回归的抛物线形状的二次函数并不合适。可以使用能绘制出图 3.6（b）的图表中以虚线显示的曲线的公式，作为分类的误差函数。

例如，以下的指数型衰减曲线就是其中之一。

$$E = \mathrm{e}^{-m} = \mathrm{e}^{-f(x)d} \quad d \in \{0,1\} \tag{3.9}$$

其中，m 被定义为边距。式（3.9）表示的是著名的 Adaboost 方法的误差函数。在以往的机器学习中，开发了很多这样的分类误差函数，这里省略详细的说明。

通过上述说明可以理解，强化学习中的函数近似不是机器学习中的分类问题，而是回归问题。

3.3.2　误差函数的设计与概率梯度下降法

1. 近似函数 f(x) 的设计

接下来，设计平方误差函数中出现的近似函数 $f(x)$。设计一个双变量函数来反映网格世界的二维特征。两个变量使用网格世界的网格点坐标 (x, y)。

$$f(x) \to f(x, y, \theta) \tag{3.10}$$

其中，θ 在学习后被确定为一个数值。注意不是变量。

这次也通过设计一个简单的非线性双变量函数来引入非线性。

$$f(x, y, \theta) = \theta_1 x + \theta_2 y + \theta_3 xy + \theta_4 \tag{3.11}$$

通过增加维度或设计其他形式的非线性函数也可以学习，建议读者自行验证。另外，在强调与强化学习的联系时，如果使用数学表达式 $f(x, y, \theta)$，学习就有很难把握的地方。这时，可以使用强化学习的基本要素——状态价值函数 $V_{\mathrm{reg}}(S_t, \theta)$ 和行动状态价值函数 $Q_{\mathrm{reg}}(S_t, a_t, \theta)$ 来替换 $f(x, y, \theta)$，公式如下所示。

$$
\begin{aligned}
f(x, y, \theta) &\equiv V_{reg}(S_t, \theta) &; S_t = (x, y) \\
f(x, y, a, \theta) &\equiv Q_{reg}(S_t, a_t, \theta) &; S_t = (x, y)
\end{aligned} \tag{3.12}
$$

2. 通过概率梯度下降法学习参数

以上就是构成误差函数的要素。剩下的课题就是将这个误差函数最小化。误差函数采用平方误差函数的形式。平方误差函数的最小化方法称为最小二乘法。

它在机器学习领域，可以说是很基本的回归算法。详细内容请参考机器学习专业书籍，具体处理步骤如下。

（1）对误差函数的参数取微分。

$$E = \{d - f(x,y,\theta)\}^2 \tag{3.13}$$

$$\frac{\partial E}{\partial \theta} = -2\{d - f(x,y,\theta)\}\frac{\partial f(x,y,\theta)}{\partial \theta} \tag{3.14}$$

（2）将误差函数的各个参数的微分值代入以下的更新公式中。

$$\theta \leftarrow \theta - \alpha\frac{\partial E}{\partial \theta} = \theta + \alpha\{d - f(x,y,\theta)\}\frac{\partial f(x,y,\theta)}{\partial \theta} \tag{3.15}$$

其中，α 是学习率。通常在 0.1 ~ 0.001 之间选择值，作为超参数使用。

代入近似函数的值，导出各参数的更新公式。

$$f(x,y,\theta) = \theta_1 x + \theta_2 y + \theta_3 xy + \theta_4 \tag{3.16}$$

$$\frac{\partial f(x,y,\theta)}{\partial \theta_1} = x \tag{3.17}$$

$$\frac{\partial f(x,y,\theta)}{\partial \theta_2} = y \tag{3.18}$$

$$\frac{\partial f(x,y,\theta)}{\partial \theta_3} = xy \tag{3.19}$$

$$\frac{\partial f(x,y,\theta)}{\partial \theta_4} = 1 \tag{3.20}$$

由此可以得到以下内容。

$$\theta_1 \leftarrow \theta_1 + \alpha\{d - f(x,y,\theta)\} \times x \tag{3.21}$$

$$\theta_2 \leftarrow \theta_2 + \alpha\{d - f(x,y,\theta)\} \times y \tag{3.22}$$

$$\theta_3 \leftarrow \theta_3 + \alpha\{d - f(x,y,\theta)\} \times xy \tag{3.23}$$

$$\theta_4 \leftarrow \theta_4 + \alpha\{d - f(x,y,\theta)\} \times 1 \tag{3.24}$$

将更新后的参数 θ 代入 $f(x,\ y,\ \theta)$，将新的样本数据 $V(S_t)$ 代入式（3.21）~

式（3.24），进一步更新参数。重复这个过程，最终参数会收敛。判断出收敛时的 $f(x, y, \theta)$ 就是回归后的价值函数的值。另外，再介绍一个为了方便计算的公式。

$$f(x,y,\theta) = \theta_1 x + \theta_2 y + \theta_3 xy + \theta_4 \tag{3.25}$$

对于式（3.25），如果导入以下内积的表示方式，编码的时候会变得相当轻松。

$$f(x,y,\theta) = \begin{pmatrix} \theta_1 \\ \theta_2 \\ \theta_3 \\ \theta_4 \end{pmatrix} \cdot \begin{pmatrix} x \\ y \\ xy \\ 1 \end{pmatrix} \tag{3.26}$$

如果使用第 2 章的蒙特卡罗方法的发布代码，就可以轻松地对上述计算进行编码。

3.3.3 强化学习中的回归分析机制

机器学习中回归分析的基础是把误差函数最小化。下面再来看一下在上一小节中出现的平方误差函数。

$$E = \{d - f(x,y,\theta)\}^2 \tag{3.27}$$

前面也提到过，在强调与强化学习的联系时，可以利用强化学习的基本要素——状态价值函数 $V_{\text{reg}}(S_t, \theta)$ 和行动状态价值函数 $Q_{\text{reg}}(S_t, a_t, \theta)$ 来替换 $f(x, y, \theta)$。这样，平方误差函数就变成如下形式。

$$E = \{d - V_{\text{reg}}(S_t, \theta)\}^2 \tag{3.28}$$

$$E = \{d - Q_{\text{reg}}(S_t, a_t, \theta)\}^2 \tag{3.29}$$

在上一小节中已经对式（3.16）中的 $f(x, y, \theta)$ 进行了说明。接下来，将介绍在误差函数中另一个非常重要的元素 d。

如前面所述，样本数据独立于近似函数。机器学习在进行回归分析之前，一般已经通过某种方法收集了样本数据。而强化学习中的回归分析，需要通过强化学习来制作和收集样本数据。换句话说，强化学习的作用是提供样本数据，这也是强化学习中函数近似的最大特点。

强化学习不具备先掌握数据后进行回归分析的学习机制。图 3.7 显示了强化学习中价值函数回归的学习机制。因为两种学习融合在一起，所以需要同时掌握两方面的知识，难以理解的地方就会增加。而且，由于同时使用了两种方法，从结果上看，计算的过程也增加了一倍。对函数近似方法的掌握程度，直接关系到对最新型深度强化学习算法的掌握程度。

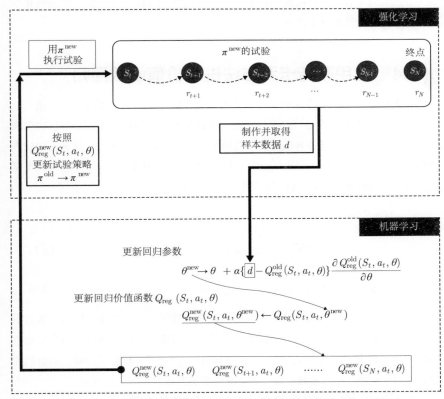

图 3.7　强化学习与机器学习的融合机制：强化学习的样本数据获取功能和机器学习的价值函数近似功能

在这里，如果能很好地理解函数近似方法的基本原理，第 4 章的内容就很容易理解了。下面将图 3.7 中的内容按照步骤进行分解说明一下。

（1）强化学习：制作和收集样本数据。

（2）机器学习：将收集的样本数据代入回归参数的更新公式 [3.3.2 小节中的

式（3.21）~式（3.24）]中，进行回归参数的更新。

（3）机器学习：将更新的参数代入回归函数，计算新的价值函数值。

（4）强化学习：在更新后的新价值函数下更新试验策略。

（5）强化学习：在新的策略下执行新的试验，制作和收集样本数据。

在这个（1）→（2）→（3）→（4）的循环中，反复学习，直到回归参数收敛为止。在3.4节中，以前面学过的蒙特卡罗方法和TD方法为例，学习强化学习中函数回归方法的基本内容。

3.4 使用蒙特卡罗方法进行价值函数回归

在强化学习中，要考虑如何收集样本数据，首先想到的是蒙特卡罗方法。因为蒙特卡罗方法本身就是一种采样方法。蒙特卡罗方法根据每次试验都能确保到达终点而获得奖励，计算各状态的总奖励 $G(S_t, a_t)$，再由 $G(S_t, a_t)$ 计算行动状态价值函数 $Q(S_t, a_t)$。在下一次试验中，基于 $Q(S_t, a_t)$，用如 ε-Greedy 这样的策略决定行动，同时推进学习。样本数据分为以下三种。

$$d = G^i(S_t, a_t) = R_{\text{goal}} \tag{3.30}$$

$$d = Q(S_t, a_t) = \frac{1}{m} \sum_{i=1,\cdots,m} G^i(S_t, a_t) \tag{3.31}$$

$$d = V(S_t) = \max\{Q(S_t, a_{t=R,L,U,D})\} \tag{3.32}$$

那么，应该选择什么样的样本数据呢？样本数据不同，对应的回归函数也不同。回归函数的值是下一次采样试验时所使用的策略的基础，所以行动状态价值函数 $Q(S_t, a_t)$ 最适合作为强化学习的回归函数。但是，一旦有了行动，函数的变量数量就会增加，回归函数的设计也会变得更加困难。

在本节中，将通过最简单的、策略固定的蒙特卡罗方法进行价值函数回归。课题是和先前一样的网格世界问题。固定的策略使用先前在网格世界中获得的最佳策略；样本数据使用式（3.32）的价值函数；与价值函数的样本数据对应的回归价值函数，先使用3.4节中提到的式（3.11），再使用式（3.12）后，回归函数如下。因为形状相同，所以可以直接使用3.4节中导出的梯度和参数的更新公式等。

$$V_{\text{reg}}(S_{\text{t}}, \theta) = V_{\text{reg}}(x, y, \theta) = \theta_1 x + \theta_2 y + \theta_3 xy + \theta_4 \tag{3.33}$$

下面参考图 3.8 中的内容，按步骤分解说明使用蒙特卡罗方法的价值函数回归的具体示例。

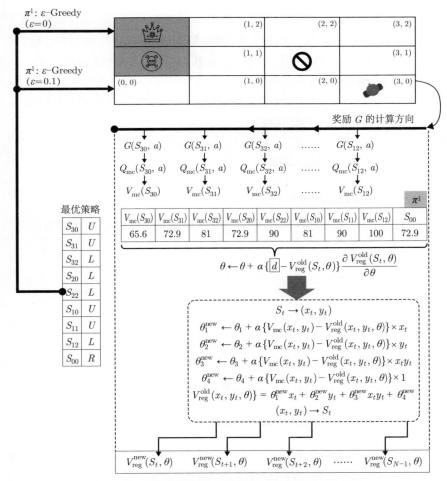

图 3.8 使用蒙特卡罗方法的价值函数回归方法的流程图

（1）强化学习的初始值设置和先前一样。回归参数的初始值可按如下方式随机设置。

$$\begin{pmatrix} \theta_1 \\ \theta_2 \\ \theta_3 \\ \theta_4 \end{pmatrix} = \begin{pmatrix} 0.2 \\ -0.6 \\ 0.7 \\ -0.2 \end{pmatrix}$$

（2）学习引擎从状态 $(3,0)$ 开始按照最优策略进行 1 次试验。为了执行最佳策略，使用了 ε -Greedy（ $\varepsilon = 0$ ）的决策型策略和普通的 ε -Greedy（ $\varepsilon = 0.1$ ）概率型策略。下面为了使说明简单化，按照 ε-Greedy（ $\varepsilon = 0$ ）的策略来说明。ε-Greedy（ $\varepsilon = 0.1$ ）的策略只在最后展示结果。

（3）通过 1 次试验计算出的价值函数的值，是图 3.8 所示的价值函数表中的值。

（4）在状态 S_{30} 下更新回归参数。

在状态 S_{30} 下，$(x = 3,\ y = 0)$ 、$V_{\mathrm{mc}}(3, 0) = 65.6$ 。

计算回归价值函数的当前值。

$$V_{\mathrm{reg}}^{\mathrm{old}}\left(S_{30}, \theta\right) = 0.2 \times 3 - 0.6 \times 0 + 0.7 \times 0 - 0.2 = 0.4$$

使用试验得到的价值函数的值、回归价值函数的当前值和各参数的初始值，更新参数。

$$\theta_1^{\mathrm{new}} \leftarrow 0.2 + 0.01 \times (65.6 - 0.4) \times 3 = 2.16$$
$$\theta_2^{\mathrm{new}} \leftarrow -0.6 + 0.01 \times (65.6 - 0.4) \times 0 = -0.6$$
$$\theta_3^{\mathrm{new}} \leftarrow 0.7 + 0.01 \times (65.6 - 0.4) \times 0 = 0.7$$
$$\theta_4^{\mathrm{new}} \leftarrow -0.2 + 0.01 \times (65.6 - 0.4) \times 1 = 0.45$$

（5）在状态 S_{30} 下更新回归函数。

用更新的参数计算回归价值函数的更新值。

$$V_{\mathrm{reg}}^{\mathrm{new}}\left(s_{30}, \theta\right) = 2.16 \times 3 - 0.6 \times 0 + 0.7 \times 0 + 0.45 = 6.93$$

本例中不使用更新后的新回归价值函数的值，但是请注意，在更新策略学习的同时，需要使用更新后的新回归价值函数的值。

（6）在状态 S_{31} 下，$(x = 3,\ y = 1)$ 、$V_{\mathrm{mc}}(3, 1) = 72.9$ 。

计算状态 S_{31} 的回归价值函数的当前值。参数使用上次的更新值。

$$V_{\mathrm{reg}}^{\mathrm{old}}\left(S_{31}, \theta\right) = 2.16 \times 3 - 0.6 \times 1 + 0.7 \times 3 + 0.45 = 8.43$$

使用试验得到的价值函数的值、回归价值函数的当前值和状态 S_{30} 下更新的各参数的值，更新参数。

$$\theta_1^{\text{new}} \leftarrow 2.16 + 0.01 \times (72.9 - 8.43) \times 3 = 4.09$$
$$\theta_2^{\text{new}} \leftarrow -0.6 + 0.01 \times (72.9 - 8.43) \times 1 = 0.04$$
$$\theta_3^{\text{new}} \leftarrow 0.7 + 0.01 \times (72.9 - 8.43) \times 3 = 2.63$$
$$\theta_4^{\text{new}} \leftarrow 0.45 + 0.01 \times (72.9 - 8.43) \times 1 = 1.09$$

（7）在状态 S_{31} 下更新回归函数。

用更新的参数计算回归价值函数的更新值。

$$V_{\text{reg}}^{\text{new}}(S_{31}, \theta) = 4.09 \times 3 + 0.04 \times 1 + 2.63 \times 3 + 1.09 = 21.3$$

（8）在状态 S_{32} 下，$(x = 3, y = 2)$、$V_{\text{mc}}(3, 2) = 81$。

计算回归价值函数的当前值。使用上次的更新的参数值。

$$V_{\text{reg}}^{\text{old}}(S_{31}, \theta) = 4.09 \times 3 + 0.04 \times 2 + 2.63 \times 6 + 1.09 = 29.2$$

使用试验得到的价值函数的值、回归价值函数的当前值和状态 S_{30} 下更新的各参数的值，更新参数。

$$\theta_1^{\text{new}} \leftarrow 4.09 + 0.01 \times (81 - 29.2) \times 3 = 5.6$$
$$\theta_2^{\text{new}} \leftarrow 0.04 + 0.01 \times (81 - 29.2) \times 2 = 1.1$$
$$\theta_3^{\text{new}} \leftarrow 2.63 + 0.01 \times (81 - 29.2) \times 6 = 5.7$$
$$\theta_4^{\text{new}} \leftarrow 1.09 + 0.01 \times (81 - 29.2) \times 1 = 1.6$$

（9）在状态 S_{32} 下更新回归函数。

用更新的参数计算回归价值函数的更新值。

$$V_{\text{reg}}^{\text{new}}(S_{32}, \theta) = 5.6 \times 3 + 1.1 \times 2 + 5.7 \times 6 + 1.6 = 54.8$$

之后的过程和前面一样，不再详述。像这样，每一步都会更新回归参数，并更新回归价值函数的值。最后，学习直到各参数收敛为止。

图 3.9 显示了使用试验 2000 次蒙特卡罗采样的价值函数的值进行学习的结果。纵轴表示参数 θ 的最大变化值，可以看出试验后收敛的图像。

另外，为了进行比较，还展示了用 ε - Greedy（$\varepsilon = 0.1$）概率型策略回归的结

果。因为是概率型，所以每次计算出的价值函数的值都在变化，但是观察收敛后的参数值，就会发现与决策型相比没有太大的变化。

图 3.9 的下半部分使用收敛后的参数，代入各网格点的 (x, y) 进行计算，将回归价值函数的值放入网格世界的网格点中。

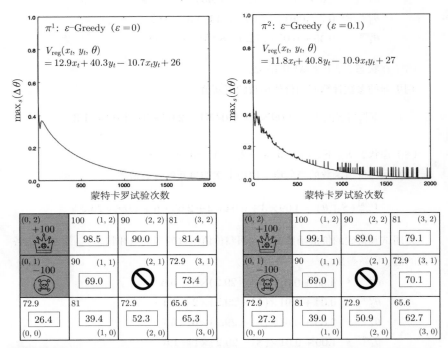

有 Code 图 3.9　使用实现 2000 次蒙特卡罗采样的价值函数的值进行学习的结果 [为了比较，也展示了 ε - Greedy (ε = 0.1) 概率型策略回归的结果]

与理想解相比，虽然看起来大致可以回归，但可以看出坐标点数值较低的网格点 [如 (0,0)、(1,0)、(1,1)] 的回归值与理想解相差甚远。原因是近似函数的设计。也就是说，这次设计的近似函数过于简单，不能表现复杂的误差函数的形状。

事先不知道应该对课题构建怎样的近似函数的模型，是强化学习中应用函数近似方法的难关之一。但是近年来，通过引入深层神经网络作为近似函数，学习效果得到了显著提高。这是因为深层神经网络具有很强的表现力，关于这一点，将在第 4 章进行详细说明。

在进入下一节之前，再强调一下，在这个示例中，每次试验后更新的回归价值函数并没有对下一次试验的策略产生影响。取而代之的是，使用已经学过的最佳策略，将其作为"预测"问题来处理。下一节将介绍包括策略学习在内的简单的函数近似方法。

3.5　使用 TD(0)-SARSA 方法进行行动状态价值函数回归

在第 1 章中已经介绍过，TD(0) 方法是蒙特卡罗方法的一种。为了克服蒙特卡罗方法探索成本高的弱点，通过近似的方法，每一步都更新行动状态价值函数 [式 (3.34)]。

$$G(S_t, a_t) \approx Q(S_t, a_t) = r_{t+1} + \gamma V(S_{t+1}) \tag{3.34}$$

由此，行动状态价值函数的更新公式如下。

$$Q(S_t, a_t) \leftarrow Q(S_t, a_t) + \alpha[\{r_{t+1} + \gamma V(S_{t+1})\} - Q(S_t, a_t)] \tag{3.35}$$

关于这方面的基本原理，第 2 章中已经做了详细说明，在此省略。下面介绍基于 TD(0) 方法的函数近似。首先，设计对应 TD(0) 方法的误差函数。在 TD(0) 方法中引入函数近似的误差函数。

$$E = (d - Q_{\text{reg}}(S_t, a_t, \theta))^2 \tag{3.36}$$

$$d = Q(S_t, a_t) \tag{3.37}$$

第 2 章中已经介绍过，在蒙特卡罗方法中，$Q(S_t, a_t)$ 是根据试验结束后的总奖励 $G(S_t, a_t)$ 计算出来的。在 TD(0) 方法中，$Q(S_t, a_t)$ 不使用总奖励 $G(S_t, a_t)$，而是使用式 (3.34) 进行近似。误差函数如下所示。

$$d = Q(S_t, a_t) = r_{t+1} + \gamma V(S_{t+1}) \tag{3.38}$$

$$E = \{r_{t+1} + \gamma V(S_{t+1}) - Q_{\text{reg}}(S_t, a_t, \theta)\}^2 \tag{3.39}$$

并且，如第 2 章所述，根据如何近似 $V(S_{t+1})$，产生了两种 TD(0) 方法。

TD(0)-SARSA 方法

$$V(S_{t+1}) = Q(S_{t+1}, a_{t+1}) \tag{3.40}$$

TD(0)-Q 方法

$$V(S_{t+1}) = \max\{Q_\pi(S_{t+1}, a_{j=R,L,U,D})\} \tag{3.41}$$

首先说明一下 TD(0)-SARSA 方法中的函数近似方法。将式（3.40）代入误差函数的公式中。

$$d = r_{t+1} + \gamma Q(S_{t+1}, a_{t+1}) \tag{3.42}$$

$$E = \{r_{t+1} + \gamma Q(S_{t+1}, a_{t+1}) - Q_{\text{reg}}(S_t, a_t, \theta)\}^2 \tag{3.43}$$

这里有一个疑问。式（3.43）中的 $Q(S_{t+1}, a_{t+1})$ 是如何计算的呢？在介绍 TD(0)-SARSA 方法时，是使用每一步都会更新的 $Q(S_t, a_t)$ 表来计算的。在函数近似法中，$Q(S_t, a_t)$ 表是用函数近似来表示的，所以表达式中的 $Q(S_{t+1}, a_{t+1})$ 除了使用行动状态价值回归函数来计算之外，别无他法。表达式如下所示。

$$Q(S_{t+1}, a_{t+1}) = Q_{\text{reg}}(S_{t+1}, a_{t+1}, \theta) \tag{3.44}$$

由此，TD(0)-SARSA 方法的误差函数就变成如下形式。

$$d = r_{t+1} + \gamma Q_{\text{reg}}(S_{t+1}, a_{t+1}, \theta) \tag{3.45}$$

$$E = \{r_{t+1} + \gamma Q_{\text{reg}}(S_{t+1}, a_{t+1}, \theta) - Q_{\text{reg}}(S_t, a_t, \theta)\}^2 \tag{3.46}$$

根据这个误差函数计算参数的梯度，如下所示。

$$\frac{\partial E}{\partial \theta} = 2\{r_{t+1} + \gamma Q_{\text{reg}}(S_{t+1}, a_{t+1}, \theta) - Q_{\text{reg}}(S_t, a_t, \theta)\}\frac{\partial Q_{\text{reg}}(S_t, a_t, \theta)}{\partial \theta} \tag{3.47}$$

这样一来，会用和以前一样的计算公式更新参数。

$$\theta \leftarrow \theta - \alpha\frac{\partial E}{\partial \theta} \tag{3.48}$$

与蒙特卡罗方法相比，除了样本数据 d 的表示方式以外，没有什么特别的不同之处。但是，上一节已经说明，蒙特卡罗方法的样本数据 d 与回归函数无关，是独立获得的。这在机器学习中是理所当然的。但是，从式（3.45）来看，样本数据 d 已经被行动状态回归价值函数计算出来了。这真的可以称为样本数据吗？

实际上，这个样本数据称为伪样本数据，以区别机器学习领域的学习之前就已经存在的样本数据。同时，用伪样本数据计算出的梯度表达式称为伪梯度（Semi-

Gradient）。因为是伪梯度，所以在收敛性和学习精度等方面都比使用真梯度的蒙特卡罗方法差。关于这一点，将在第 4 章中对基于深层神经网络的 TD 方法中的函数近似方法的伪梯度，做一个新的展开来详细说明。

接下来，通过网格世界的应用实例，详细说明一下 TD(0)-SARSA 方法中的行动价值函数回归。关于回归函数的设计，为了便于举例说明，设计了如下简单的行动状态价值回归函数。

$$
\begin{aligned}
Q_{\text{reg}}(x_t, y_t, a_t, \theta) = & \theta_1 x_t + \theta_2 y_t + \theta_3 x_t y_t + \theta_4 + \theta_5 \{'R'\} \\
& + \theta_6 \{'L'\} + \theta_7 \{'U'\} + \theta_8 \{'D'\}
\end{aligned} \tag{3.49}
$$

对此展开各行动的话，如下所示。

$$
Q_{\text{reg}}(x_t, y_t, R, \theta) = \theta_1 x_t + \theta_2 y_t + \theta_3 x_t y_t + \theta_4 + \theta_5 \{'R'\} \tag{3.50}
$$

$$
Q_{\text{reg}}(x_t, y_t, L, \theta) = \theta_1 x_t + \theta_2 y_t + \theta_3 x_t y_t + \theta_4 + \theta_6 \{'L'\} \tag{3.51}
$$

$$
Q_{\text{reg}}(x_t, y_t, U, \theta) = \theta_1 x_t + \theta_2 y_t + \theta_3 x_t y_t + \theta_4 + \theta_7 \{'U'\} \tag{3.52}
$$

$$
Q_{\text{reg}}(x_t, y_t, D, \theta) = \theta_1 x_t + \theta_2 y_t + \theta_3 x_t y_t + \theta_4 + \theta_6 \{'D'\} \tag{3.53}
$$

$\theta_1 \sim \theta_4$ 的梯度更新和先前一样，而增加的行动的梯度如下所示。

$$
\frac{\partial Q_{\text{reg}}(x_t, y_t, a_t, \theta)}{\partial \theta_5} = \{'R'\} = 1 \tag{3.54}
$$

$$
\frac{\partial Q_{\text{reg}}(x_t, y_t, a_t, \theta)}{\partial \theta_6} = \{'L'\} = 1 \tag{3.55}
$$

$$
\frac{\partial Q_{\text{reg}}(x_t, y_t, a_t, \theta)}{\partial \theta_7} = \{'U'\} = 1 \tag{3.56}
$$

$$
\frac{\partial Q_{\text{reg}}(x_t, y_t, a_t, \theta)}{\partial \theta_8} = \{'D'\} = 1 \tag{3.57}
$$

行动参数的梯度更新公式如下。

$$
\theta_5 \leftarrow \theta_5 + \alpha \{d - Q_{\text{reg}}(x_t, y_t, R, \theta)\} \times 1 \tag{3.58}
$$

$$
\theta_6 \leftarrow \theta_6 + \alpha \{d - Q_{\text{reg}}(x_t, y_t, L, \theta)\} \times 1 \tag{3.59}
$$

$$
\theta_7 \leftarrow \theta_7 + \alpha \{d - Q_{\text{reg}}(x_t, y_t, U, \theta)\} \times 1 \tag{3.60}
$$

$$
\theta_8 \leftarrow \theta_8 + \alpha \{d - Q_{\text{reg}}(x_t, y_t, D, \theta)\} \times 1 \tag{3.61}
$$

另外，各参数的初始值是随机决定的。

$$\begin{pmatrix} \theta_1 \\ \theta_2 \\ \theta_3 \\ \theta_4 \\ \theta_5 \\ \theta_6 \\ \theta_7 \\ \theta_8 \end{pmatrix} = \begin{pmatrix} 0.2 \\ -0.6 \\ 0.7 \\ -0.2 \\ 1.8 \\ 3.6 \\ -1.5 \\ 2.8 \end{pmatrix} \tag{3.62}$$

网格世界中的学习问题和学习规则与往常一样。关于策略，不是用蒙特卡罗方法时已经学好的最佳策略，而是用回归函数求出的策略进行学习。如果将 $Q(S_t, a_t)$ 表的部分替换为回归函数的计算，将 $Q(S_t, a_t)$ 的更新替换为参数 θ 的更新，则学习的详细过程与第 2 章中的 TD-(0)SARSA 方法的操作步骤完全相同，如图 3.10 所示。

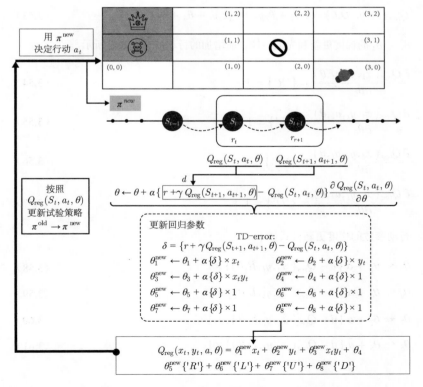

图 3.10　TD(0)-SARSA 方法中函数近似方法学习的详细过程

（1）将开始网格点设为状态 S_{30}。由随机策略得到 $a_1 = L$。

（2）由回归函数 $Q_{\text{reg}}(3, 0, L, \theta)$ 计算 $Q(S_{20}, L)$。

$$Q_{\text{reg}}(x_t, y_t, L, \theta) = \theta_1 x_t + \theta_2 y_t + \theta_3 x_t y_t + \theta_4 + \theta_6 \{'L'\}$$
$$Q_{\text{reg}}(3, 0, L, \theta) = \theta_1 \times 3 + \theta_2 \times 0 + \theta_3 \times 0 + \theta_4 \times 1 + \theta_6 \times 1$$
$$Q_{\text{reg}}(3, 0, L, \theta) = 0.2 \times 3 - 0.6 \times 0 + 0.7 \times 0 - 0.2 \times 1 + 3.6 \times 1 = 4$$

（3）进行状态更新。

$$S_{30} \rightarrow \boxed{L} \rightarrow (r, S_{20})$$

（4）在状态 S_{20} 下，根据 ε-Greedy 策略决定下一步行动 a_2。例如，采样了 $P = 0.6$ 的随机数。

$$(a|s) = \begin{cases} P > \varepsilon = 0.1 & a_{\text{next}} = \text{argmax}\{Q(S_{20}, a_{j=R,L,U,D})\} \\ P < \varepsilon = 0.1 & a_{\text{new}} = \text{others} \end{cases}$$
$$a_{\text{next}} = \text{argmax}\{Q(S_{20}, a_{j=R,L,U,D})\}$$

计算 $Q(S_{20}, a_{j=R,L,U,D})$。

$$\begin{aligned} Q_{\text{reg}}(2, 0, R, \theta) &= \theta_1 \times 2 + \theta_2 \times 0 + \theta_3 \times 0 + \theta_4 \times 1 + \theta_5 \times 1 \\ &= 0.2 \times 2 - 0.6 \times 0 + 0.7 \times 0 - 0.2 \times 1 + 1.8 \times 1 = 2 \end{aligned}$$
$$Q_{\text{reg}}(2, 0, L, \theta) = 0.2 \times 2 - 0.6 \times 0 + 0.7 \times 0 - 0.2 \times 1 + 3.6 \times 1 = 3.8$$
$$Q_{\text{reg}}(2, 0, U, \theta) = 0.2 \times 2 - 0.6 \times 0 + 0.7 \times 0 - 0.2 \times 1 - 1.5 \times 1 = -1.3$$
$$Q_{\text{reg}}(2, 0, D, \theta) = 0.2 \times 2 - 0.6 \times 0 + 0.7 \times 0 - 0.2 \times 1 + 2.8 \times 1 = 3$$
$$a_{\text{next}} = \text{argmax}\{Q(S_{20}, a_{j=R,L,U,D})\} = L$$

（5）由回归函数 $Q_{\text{reg}}(2, 0, L, \theta)$ 计算 TD 误差：δ。

$$Q_{\text{reg}}(3, 0, L, \theta) = 4$$
$$Q_{\text{reg}}(2, 0, L, \theta) = 3.8$$

$$\begin{aligned} \delta &= r_{t+1} + \gamma Q_{\text{reg}}(2, 0, L, \theta) - Q_{\text{reg}}(3, 0, L, \theta) \\ &= 0 + 0.9 \times 3.8 - 4 = -0.58 \end{aligned}$$

（6）在状态 S_{30} 下，更新回归参数。

$$\theta_1 \leftarrow 0.2 + 0.01 \times (-0.58) \times 3 = 0.18$$
$$\theta_2 \leftarrow -0.6 + 0.01 \times (-0.58) \times 0 = -0.6$$
$$\theta_3 \leftarrow 0.7 + 0.01 \times (-0.58) \times 0 = 0.71$$
$$\theta_4 \leftarrow -0.2 + 0.01 \times (-0.58) \times 1 = -0.21$$
$$\theta_5 \leftarrow 1.8 + 0.01 \times (-0.58) \times 1 = 1.79$$
$$\theta_6 \leftarrow 3.6 + 0.01 \times (-0.58) \times 1 = 3.59$$
$$\theta_7 \leftarrow -1.5 + 0.01 \times (-0.58) \times 1 = -1.51$$
$$\theta_8 \leftarrow 2.8 + 0.01 \times (-0.58) \times 1 = 2.79$$

这样一来，回归参数就会更新。更新的参数被用于决定下一个状态下的行动。

$$\begin{pmatrix} 0.2 \\ -0.6 \\ 0.7 \\ -0.2 \\ 1.8 \\ 3.6 \\ -1.5 \\ 2.8 \end{pmatrix} \rightarrow \begin{pmatrix} 0.18 \\ -0.6 \\ 0.71 \\ -0.21 \\ 1.79 \\ 3.59 \\ -1.51 \\ 2.79 \end{pmatrix}$$

（7）用行动 $a_{\text{next}} = L$ 更新状态 S_{20}。

$$S_{20} \rightarrow \boxed{L} \rightarrow (r, S_{10})$$

（8）在状态 S_{10} 下，根据 ε-Greedy 策略决定下一步行动 a_{next}。例如，采样了 $P = 0.08$ 的随机数。

$$(a|s) = \begin{cases} P > \varepsilon = 0.1 & a_{\text{next}} = \text{argmax}\left\{ Q(S_{20}, a_{j=R,L,U,D}) \right\} \\ P < \varepsilon = 0.1 & a_{\text{next}} = \text{others} \end{cases}$$
$$a_{\text{next}} = U$$

（9）由回归函数 $Q_{\text{reg}}(1, 0, U, \theta)$ 计算 $Q(S_{10}, U)$。
$$\begin{aligned} Q_{\text{reg}}(1, 0, U, \theta) &= \theta_1 \times 1 + \theta_2 \times 0 + \theta_3 \times 0 + \theta_4 \times 1 + \theta_7 \times 1 \\ &= 0.18 \times 1 - 0.6 \times 0 + 0.71 \times 0 - 0.2 \times 1 - 1.51 \times 1 \\ &= -1.53 \end{aligned}$$

（10）用回归函数 $Q_{\text{reg}}(2, 0, L, \theta)$ 计算 $Q(S_{20}, L)$。

$$Q_{\text{reg}}(2,0,L,\theta) = \theta_1 \times 2 + \theta_2 \times 0 + \theta_3 \times 0 + \theta_4 \times 1 + \theta_7 \times 1$$
$$= 0.18 \times 2 - 0.6 \times 0 + 0.71 \times 0 - 0.2 \times 1 + 1.51 \times 1$$
$$= 1.67$$

（11）由回归函数 $Q_{\text{reg}}(1, 0, U, \theta)$ 计算 TD 误差：δ

$$Q_{\text{reg}}(2,0,L,\theta) = 1.67$$
$$Q_{\text{reg}}(1,0,U,\theta) = -1.53$$
$$\delta = r_{t+1} + \gamma Q_{\text{reg}}(1,0,U,\theta) - Q_{\text{reg}}(2,0,L,\theta)$$
$$= -1.53 \times 0.9 - 1.67 = -0.3$$

（12）在状态 S_{20} 下，更新回归参数。

$$\theta_1 \leftarrow 0.18 + 0.01 \times (-0.3) \times 2 = 0.174$$
$$\theta_2 \leftarrow -0.6 + 0.01 \times (-0.3) \times 0 = -0.6$$
$$\theta_3 \leftarrow 0.71 + 0.01 \times (-0.3) \times 0 = 0.72$$
$$\theta_4 \leftarrow -0.21 + 0.01 \times (-0.3) \times 1 = -0.213$$
$$\theta_5 \leftarrow 1.79 + 0.01 \times (-0.3) \times 1 = 1.787$$
$$\theta_6 \leftarrow 3.59 + 0.01 \times (-0.3) \times 1 = 3.587$$
$$\theta_7 \leftarrow -1.51 + 0.01 \times (-0.3) \times 1 = -1.513$$
$$\theta_8 \leftarrow 2.79 + 0.01 \times (-0.3) \times 1 = 2.787$$

$$\begin{pmatrix} 0.18 \\ -0.6 \\ 0.71 \\ -0.21 \\ 1.79 \\ 3.59 \\ -1.51 \\ 2.79 \end{pmatrix} \rightarrow \begin{pmatrix} 0.174 \\ -0.6 \\ 0.72 \\ -0.213 \\ 1.787 \\ 3.587 \\ -1.513 \\ 2.787 \end{pmatrix}$$

（13）用行动 $a_{\text{next}} = U$ 更新状态 S_{10}。

$$S_{10} \rightarrow \boxed{U} \rightarrow (r, S_{11})$$

（14）在状态 S_{11} 下，根据 ε -Greedy 策略决定下一步行动 a_{next}。例如，采样了 $P = 0.01$ 的随机数。

$$(a|s) = \begin{cases} P > \varepsilon = 0.1 & a_{\text{next}} = \text{argmax}\left\{ Q(S_{20}, a_{j=R,L,U,D}) \right\} \\ P < \varepsilon = 0.1 & a_{\text{next}} = \text{others} \end{cases}$$

$$a_{\text{next}} = U$$

（15）用回归函数 $Q_{\text{reg}}(1, 1, U, \theta)$ 计算 $Q(S_{11}, U)$ 。

$$\begin{aligned} Q_{\text{reg}}(1,1,U,\theta) &= \theta_1 \times 1 + \theta_2 \times 1 + \theta_3 \times 1 + \theta_4 \times 1 + \theta_7 \times 1 \\ &= 0.174 \times 1 - 0.6 \times 1 + 0.72 \times 1 - 0.213 \times 1 - 1.513 \times 1 \\ &= -1.43 \end{aligned}$$

（16）用回归函数 $Q_{\text{reg}}(1, 0, U, \theta)$ 计算 $Q(S_{10}, U)$ 。

$$\begin{aligned} Q_{\text{reg}}(1,0,U,\theta) &= \theta_1 \times 1 + \theta_2 \times 0 + \theta_3 \times 0 + \theta_4 \times 1 + \theta_7 \times 1 \\ &= 0.174 \times 1 - 0.6 \times 0 + 0.72 \times 0 - 0.213 \times 1 - 1.513 \times 1 \\ &= -1.55 \end{aligned}$$

（17）计算 TD 误差：δ

$$Q_{\text{reg}}(1,1,U,\theta) = -1.43$$
$$Q_{\text{reg}}(1,0,U,\theta) = -1.55$$
$$\delta = -1.43 \times 0.9 + 1.55 = 0.26$$

（18）在状态 S_{10} 下，更新回归参数。

$$\theta_1 \leftarrow 0.174 + 0.01 \times (0.26) \times 1 = 0.18$$
$$\theta_2 \leftarrow -0.6 + 0.01 \times (0.26) \times 0 = -0.6$$
$$\theta_3 \leftarrow 0.72 + 0.01 \times (0.26) \times 0 = 0.72$$
$$\theta_4 \leftarrow -0.213 + 0.01 \times (0.26) \times 1 = -0.21$$
$$\theta_5 \leftarrow 1.787 + 0.01 \times (0.26) \times 1 = 1.79$$
$$\theta_6 \leftarrow 3.587 + 0.01 \times (0.26) \times 1 = 3.59$$
$$\theta_7 \leftarrow -1.513 + 0.01 \times (0.26) \times 1 = -1.51$$
$$\theta_8 \leftarrow 2.787 + 0.01 \times (0.26) \times 1 = 2.79$$

$$\begin{pmatrix} 0.174 \\ -0.6 \\ 0.72 \\ -0.213 \\ 1.787 \\ 3.587 \\ -1.513 \\ 2.787 \end{pmatrix} \rightarrow \begin{pmatrix} 0.18 \\ -0.6 \\ 0.72 \\ -0.21 \\ 1.79 \\ 3.59 \\ -1.51 \\ 2.79 \end{pmatrix}$$

（以下省略）

像这样，一边更新参数一边学习，最终到达终点。虽然中间的参数更新值不大，但是如果在终点得到正奖励 $r_{t+1} = 100$，参数的更新值会有很大的变化。

$$\delta = r_{t+1} + \gamma Q_{\mathrm{reg}}(1,0,U,\theta) - Q_{\mathrm{reg}}(2,0,L,\theta) \approx 100 \tag{3.63}$$

$$\Delta\theta \approx 0.01 \times 100 = 1 \tag{3.64}$$

一次试验结束后，学习引擎会被重置到起始网格点，并重复下一次试验，进一步更新参数。图 3.11 显示了 TD(0)-SARSA 方法通过行动状态函数回归学习的结果。实际上，在使用上述近似函数进行函数回归时，参数的收敛很差，无法学习。图 3.11 的结果是对上述近似函数稍加改进后计算的结果。关于改良后的近似函数的详细内容，请参考发布代码。

从图 3.11 可以看出，反复试验多次后，参数会收敛。用收敛的参数将近似回归函数代入各状态的状态数，不仅可以得到各行动状态价值函数，还可以用下面的公式求出各状态的价值函数。

$$V(S_t) = \max\{Q_\pi(S_t, a_{j=R,L,U,D})\} \tag{3.65}$$

其结果如图 3.11 的下半部分所示。与图 2.16 中的蒙特卡罗方法的结果相比，可以看出得到了相当接近理想解的值。

以上是基于 TD(0)-SARSA 方法进行的函数回归。

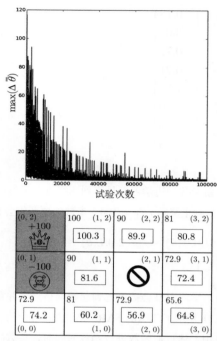

图 3.11　TD(0)-SARSA 方法中函数近似方法的学习结果和求出的价值函数的值

3.6　使用 TD(0)-Q 方法进行行动状态价值函数回归

关于 TD(0)-Q 方法，由于其学习原理和过程与 TD(0)-SARSA 方法基本相同，所以在讲解时要注意与 TD(0)-SARSA 方法的不同之处。

TD(0)-SARSA 方法

$$\delta = r_{t+1} + \gamma\, Q_{\mathrm{reg}}\left(S_{t+1}, a_{t+1}, \theta\right) - Q_{\mathrm{reg}}\left(S_t, a_t, \theta\right) \tag{3.66}$$

TD(0)-Q 方法

$$\delta = r_{t+1} + \gamma \max_{=R,L,U,D}\left\{Q_{\mathrm{reg}}\left(S_{t+1}, A, \theta\right)\right\} - Q_{\mathrm{reg}}\left(S_t, a_t, \theta\right) \tag{3.67}$$

策略的决定，使用第 2 章中介绍的 Off-Policy 的 TD(0)-Q 方法：ε-Greedy（$\varepsilon = 0.1$）。示例相关的所有初始信息都与 TD(0)-SARSA 方法相同，因此省略说明。下面将详细说明第 1 次试验中所有步骤的计算。

如果已经熟悉了中间的过程，可以跳过中间步骤，直接查看最后一步的结果。

初始参数为

$$
\begin{pmatrix} \theta_1 \\ \theta_2 \\ \theta_3 \\ \theta_4 \\ \theta_5 \\ \theta_6 \\ \theta_7 \\ \theta_8 \end{pmatrix} = \begin{pmatrix} 0.2 \\ -0.6 \\ 0.1 \\ -0.2 \\ 1.8 \\ 3.6 \\ -1.5 \\ 2.8 \end{pmatrix}
$$

（3.68）

（1）将开始网格点设为状态 S_{30}。由随机策略得到 $a = L$。

（2）由回归函数 $Q_{\text{reg}}(3, 0, L, \theta)$ 计算 $Q(S_{30}, L)$。

$$
\begin{aligned}
Q_{\text{reg}}(x_t, y_t, L, \theta) &= \theta_1 x_t + \theta_2 y_t + \theta_3 x_t y_t + \theta_4 + \theta_6 \{'L'\} \\
Q_{\text{reg}}(3, 0, L, \theta) &= \theta_1 \times 3 + \theta_2 \times 0 + \theta_3 \times 0 + \theta_4 \times 1 + \theta_6 \times 1 \\
&= 0.2 \times 3 - 0.6 \times 0 + 0.1 \times 0 - 0.2 \times 1 + 3.6 \times 1 \\
&= 4
\end{aligned}
$$

（3）进行状态更新。

$$
S_{30} \rightarrow \boxed{L} \rightarrow (r, S_{20})
$$

（4）在状态 S_{20} 下，进行以下计算。

$$
\begin{aligned}
Q_{\text{reg}}(2, 0, R, \theta) &= 0.2 \times 2 + 0.6 \times 0 + 0.1 \times 0 - 0.2 \times 1 + 1.8 \times 1 = 2 \\
Q_{\text{reg}}(2, 0, L, \theta) &= 0.2 \times 2 + 0.6 \times 0 + 0.1 \times 0 - 0.2 \times 1 + 3.6 \times 1 = 3.8 \\
Q_{\text{reg}}(2, 0, U, \theta) &= 0.2 \times 2 + 0.6 \times 0 + 0.1 \times 0 - 0.2 \times 1 - 1.5 \times 1 = -1.3 \\
Q_{\text{reg}}(2, 0, D, \theta) &= 0.2 \times 2 + 0.6 \times 0 + 0.1 \times 0 - 0.2 \times 1 + 2.8 \times 1 = 3 \\
\max_A \{Q_{\text{reg}}(S_{20}, A, \theta)\} &= Q_{\text{reg}}(2, 0, L, \theta) = 3.8
\end{aligned}
$$

（5）计算 TD 误差：δ。

$$
\begin{aligned}
Q_{\text{reg}}(3, 0, L, \theta) &= 4 \\
Q_{\text{reg}}(2, 0, L, \theta) &= 3.8 \\
\delta &= r_{t+1} + \gamma \times \max_{A=R,L,U,P} \{Q_{\text{reg}}(S_{20}, A, \theta)\} - Q_{\text{reg}}(3, 0, L, \theta) \\
\delta &= 0 + 0.9 \times 3.8 - 4 = -0.58
\end{aligned}
$$

（6）在状态 S_{30} 下，更新回归参数。

$$\theta_1 \leftarrow 0.2 + 0.01 \times (-0.58) \times 3 = 0.18$$
$$\theta_2 \leftarrow 0.6 + 0.01 \times (-0.58) \times 0 = 0.6$$
$$\theta_3 \leftarrow 0.1 + 0.01 \times (-0.58) \times 0 = 0.1$$
$$\theta_4 \leftarrow -0.2 + 0.01 \times (-0.58) \times 1 = -0.2$$
$$\theta_5 \leftarrow 1.8 + 0.01 \times (-0.58) \times 1 = 1.79$$
$$\theta_6 \leftarrow 3.6 + 0.01 \times (-0.58) \times 1 = 3.59$$
$$\theta_7 \leftarrow -1.5 + 0.01 \times (-0.58) \times 1 = -1.5$$
$$\theta_8 \leftarrow 2.8 + 0.01 \times (-0.58) \times 1 = 2.79$$

$$\begin{pmatrix} 0.2 \\ 0.6 \\ 0.1 \\ -0.2 \\ 1.8 \\ 3.6 \\ -1.5 \\ 2.8 \end{pmatrix} \rightarrow \begin{pmatrix} 0.18 \\ 0.6 \\ 0.1 \\ -0.2 \\ 1.79 \\ 3.59 \\ -1.5 \\ 2.79 \end{pmatrix}$$

（7）在状态 S_{20} 下，根据 ε-Greedy 策略决定下一步行动 a_{next}。例如，采样了 $P = 0.03$ 的随机数。

$$(a|s) = \begin{cases} P > \varepsilon = 0.1 & a_{\text{next}} = \text{argmax}\left\{ Q\left(S_{20}, a_{j=R,L,U,D}\right) \right\} \\ P < \varepsilon = 0.1 & a_{\text{next}} = \text{others} \end{cases}$$
$$a_{\text{next}} = L$$

（8）由回归函数 $Q_{\text{reg}}(2, 0, L, \theta)$ 计算 $Q(S_{20}, L)$。

$$Q_{\text{reg}}(2, 0, L, \theta) = 0.18 \times 2 + 0.6 \times 0 + 0.1 \times 0 - 0.2 \times 1 + 3.59 \times 1 = 3.75$$

（9）进行状态更新。

$$S_{20} \rightarrow \boxed{L} \rightarrow (r, S_{10})$$

（10）在状态 S_{10} 下，进行以下计算。

$$Q_{\text{reg}}(1,0,R,\theta)=0.18\times1+0.6\times0+0.1\times0-0.2\times1+1.79\times1=1.77$$
$$Q_{\text{reg}}(1,0,L,\theta)=0.18\times1+0.6\times0+0.1\times0-0.2\times1+3.59\times1=3.57$$
$$Q_{\text{reg}}(1,0,U,\theta)=0.18\times1+0.6\times0+0.1\times0-0.2\times1-1.5\times1=-1.52$$
$$Q_{\text{reg}}(1,0,D,\theta)=0.18\times1+0.6\times0+0.1\times0-0.2\times1+2.79\times1=2.77$$
$$\max_{A=R,L,U,D}\{Q_{\text{reg}}(S_{10},A,\theta)\}=Q_{\text{reg}}(2,0,L,\theta)=3.57$$

（11）计算 TD 误差：δ。

$$Q_{\text{reg}}(2,0,L,\theta)=3.75$$
$$Q_{\text{reg}}(1,0,L,\theta)=3.57$$
$$\delta=r_{t+1}+\gamma\times\max_A\{Q_{\text{reg}}(S_{20},A,\theta)\}-Q_{\text{reg}}(3,0,L,\theta)$$
$$\delta=0+0.9\times3.57-3.75=-0.54$$

（12）在状态 S_{20} 下，更新回归参数。

$$\theta_1\leftarrow0.18+0.01\times(-0.54)\times2=0.21$$
$$\theta_2\leftarrow0.6+0.01\times(-0.54)\times0=0.6$$
$$\theta_3\leftarrow0.1+0.01\times(-0.54)\times0=0.11$$
$$\theta_4\leftarrow-0.2+0.01\times(-0.54)\times1=-0.21$$
$$\theta_5\leftarrow1.79+0.01\times(-0.54)\times1=1.78$$
$$\theta_6\leftarrow3.59+0.01\times(-0.54)\times1=3.58$$
$$\theta_7\leftarrow-1.5+0.01\times(-0.54)\times1=-1.51$$
$$\theta_8\leftarrow2.79+0.01\times(-0.54)\times1=2.78$$

$$\begin{pmatrix}0.18\\0.6\\0.1\\-0.2\\1.79\\3.59\\-1.5\\2.79\end{pmatrix}\rightarrow\begin{pmatrix}0.21\\0.6\\0.11\\-0.21\\1.78\\3.58\\-1.51\\2.78\end{pmatrix}$$

（13）在状态 S_{10} 下，根据 ε-Greedy 策略决定下一步行动 a_{next}。例如，采样了 $P=0.01$ 的随机数。

$$(a|s)=\begin{cases}P>\varepsilon=0.1 & a_{\text{next}}=\text{argmax}\{Q(S_{10},a_{j=R,L,U,D})\}\\P<\varepsilon=0.1 & a_{\text{next}}=\text{others}\end{cases}$$
$$a_{\text{next}}=U$$

（14）由回归函数 $Q_{\mathrm{reg}}(1,0,U,\theta)$ 计算 $Q(S_{10}, U)$。

$$Q_{\mathrm{reg}}(1,0,U,\theta) = 0.17 \times 1 + 0.6 \times 0 + 0.1 \times 0 - 0.2 \times 1 - 1.5 \times 1 = -1.53$$

（15）进行状态更新。

$$S_{10} \to \boxed{U} \to (r, S_{11})$$

（16）在状态 S_{11} 下，进行以下计算。

$$Q_{\mathrm{reg}}(1,1,R,\theta) = 0.21 \times 1 + 0.6 \times 1 + 0.11 \times 1 - 0.21 \times 1 + 1.78 \times 1 = 2.49$$
$$Q_{\mathrm{reg}}(1,1,L,\theta) = 0.21 \times 1 + 0.6 \times 1 + 0.11 \times 1 - 0.21 \times 1 + 3.58 \times 1 = 4.29$$
$$Q_{\mathrm{reg}}(1,1,U,\theta) = 0.21 \times 1 + 0.6 \times 1 + 0.11 \times 1 - 0.21 \times 1 - 1.51 \times 1 = -0.8$$
$$Q_{\mathrm{reg}}(1,1,D,\theta) = 0.21 \times 1 + 0.6 \times 1 + 0.11 \times 1 - 0.21 \times 1 + 2.78 \times 1 = 3.49$$
$$\max\nolimits_{A=R,L,U,D}\{Q_{\mathrm{reg}}(S_{11},A,\theta)\} = Q_{\mathrm{reg}}(1,1,L,\theta) = 4.29$$

（17）计算 TD 误差。

$$Q_{\mathrm{reg}}(1,0,U,\theta) = -1.53$$
$$\max\nolimits_{A=R,L,U,D}\{Q_{\mathrm{reg}}(S_{11},A,\theta)\} = 4.2$$
$$\delta = r_{t+1} + \gamma \times \max\nolimits_A\{Q_{\mathrm{reg}}(S_{11},A,\theta)\} - Q_{\mathrm{reg}}(1,0,L,\theta)$$
$$\delta = 0 + 0.9 \times 4.29 + 1.53 = 5.39$$

（18）在状态 S_{10} 下，更新回归参数。

$$\theta_1 \leftarrow 0.21 + 0.01 \times (5.39) \times 1 = 0.26$$
$$\theta_2 \leftarrow 0.6 + 0.01 \times (5.39) \times 0 = 0.6$$
$$\theta_3 \leftarrow 0.11 + 0.01 \times (5.39) \times 0 = 0.11$$
$$\theta_4 \leftarrow -0.21 + 0.01 \times (5.39) \times 1 = -0.16$$
$$\theta_5 \leftarrow 1.78 + 0.01 \times (5.39) \times 1 = 1.83$$
$$\theta_6 \leftarrow 3.58 + 0.01 \times (5.39) \times 1 = 3.63$$
$$\theta_7 \leftarrow -1.51 + 0.01 \times (5.39) \times 1 = -1.46$$
$$\theta_8 \leftarrow 2.78 + 0.01 \times (5.39) \times 1 = 2.83$$

$$\begin{pmatrix} 0.21 \\ 0.6 \\ 0.11 \\ -0.21 \\ 1.78 \\ 3.58 \\ -1.51 \\ 2.78 \end{pmatrix} \rightarrow \begin{pmatrix} 0.26 \\ 0.6 \\ 0.11 \\ -0.16 \\ 1.83 \\ 3.63 \\ -1.46 \\ 2.83 \end{pmatrix}$$

（19）在状态 S_{11} 下，根据 ε-Greedy 策略决定下一步行动 a_{next}。例如，采样了 $P = 0.065$ 的随机数。

$$(a|s) = \begin{cases} P > \varepsilon = 0.1 & a_{\text{next}} = \operatorname{argmax}\{Q(S_{11}, a_{j=R,L,U,D})\} \\ P < \varepsilon = 0.1 & a_{\text{next}} = \text{others} \end{cases}$$

$$a_{\text{next}} = U$$

（20）由回归函数 $Q_{\text{reg}}(1, 1, U, \theta)$ 计算 $Q(S_{11}, U)$ 。

$$Q_{\text{reg}}(1,1,U,\theta) = 0.26 \times 1 + 0.6 \times 1 + 0.11 \times 1 - 0.16 \times 1 - 1.46 \times 1 = -0.65$$

（21）进行状态更新。

$$S_{11} \rightarrow \boxed{U} \rightarrow (r, S_{12})$$

（22）在状态 S_{12} 下，进行以下计算。

$$Q_{\text{reg}}(1,2,R,\theta) = 0.26 \times 1 + 0.6 \times 2 + 0.11 \times 2 - 0.16 \times 1 + 1.83 \times 1 = 3.35$$
$$Q_{\text{reg}}(1,2,L,\theta) = 0.26 \times 1 + 0.6 \times 2 + 0.11 \times 2 - 0.16 \times 1 + 3.63 \times 1 = 5.15$$
$$Q_{\text{reg}}(1,2,U,\theta) = 0.26 \times 1 + 0.6 \times 2 + 0.11 \times 2 - 0.16 \times 1 - 1.46 \times 1 = 0.06$$
$$Q_{\text{reg}}(1,2,D,\theta) = 0.26 \times 1 + 0.6 \times 2 + 0.11 \times 2 - 0.16 \times 1 + 2.83 \times 1 = 4.35$$
$$\max_{A=R,L,U,D}\{Q_{\text{reg}}(S_{12}, A, \theta)\} = Q_{\text{reg}}(1,2,L,\theta) = 5.1$$

（23）计算 TD 误差：δ

$$Q_{\text{reg}}(1,1,U,\theta) = -0.65$$
$$\max_A\{Q_{\text{reg}}(S_{12}, A, \theta)\} = 5.15$$
$$\delta = r_{t+1} + \gamma \times \max_A\{Q_{\text{reg}}(S_{12}, A, \theta)\} - Q_{\text{reg}}(1,1,U,\theta)$$
$$= 0 + 0.9 \times 5.15 + 0.65 = 5.29$$

（24）在状态 S_{11} 下，更新回归参数。

$$\theta_1 \leftarrow 0.26 + 0.01 \times (5.29) \times 1 = 0.31$$
$$\theta_2 \leftarrow 0.6 + 0.01 \times (5.29) \times 1 = 0.65$$
$$\theta_3 \leftarrow 0.11 + 0.01 \times (5.29) \times 1 = 0.16$$
$$\theta_4 \leftarrow -0.16 + 0.01 \times (5.29) \times 1 = -0.11$$
$$\theta_5 \leftarrow 1.83 + 0.01 \times (5.29) \times 1 = 1.88$$
$$\theta_6 \leftarrow 3.63 + 0.01 \times (5.29) \times 1 = 3.68$$
$$\theta_7 \leftarrow -1.46 + 0.01 \times (5.29) \times 1 = -1.41$$
$$\theta_8 \leftarrow 2.83 + 0.01 \times (5.29) \times 1 = 2.88$$

$$\begin{pmatrix} 0.26 \\ 0.6 \\ 0.11 \\ -0.16 \\ 1.83 \\ 3.63 \\ -1.46 \\ 2.83 \end{pmatrix} \rightarrow \begin{pmatrix} 0.31 \\ 0.65 \\ 0.16 \\ -0.11 \\ 1.88 \\ 3.68 \\ -1.41 \\ 2.88 \end{pmatrix}$$

（25）在状态 S_{12} 下，根据 ε-Greedy 策略决定下一步行动 a_{next}。例如，采样了 $P = 0.65$ 的随机数。

$$(a|s) = \begin{cases} P > \varepsilon = 0.1 & a_{\text{next}} = \text{argmax}\left\{ Q(S_{12}, a_{j=R,L,U,D}) \right\} \\ P < \varepsilon = 0.1 & a_{\text{next}} = \text{others} \end{cases}$$
$$a_{\text{next}} = \text{argmax}\left\{ Q(S_{12}, a_{j=R,L,U,D}) \right\}$$

$$Q_{\text{reg}}(1,2,R,\theta) = 0.31 \times 1 + 0.65 \times 2 + 0.16 \times 2 - 0.11 \times 1 + 1.88 \times 1 = 3.7$$
$$Q_{\text{reg}}(1,2,L,\theta) = 0.31 \times 1 + 0.65 \times 2 + 0.16 \times 2 - 0.11 \times 1 + 3.68 \times 1 = 5.5$$
$$Q_{\text{reg}}(1,2,U,\theta) = 0.31 \times 1 + 0.65 \times 2 + 0.16 \times 2 - 0.11 \times 1 - 1.41 \times 1 = 0.4$$
$$Q_{\text{reg}}(1,2,D,\theta) = 0.31 \times 1 + 0.65 \times 2 + 0.16 \times 2 - 0.11 \times 1 + 2.88 \times 1 = 4.7$$
$$a_{\text{next}} = \text{argmax}\left\{ Q(S_{12}, a_{j=R,L,U,D}) \right\} = L$$

（26）由回归函数 $Q_{\text{reg}}(1, 1, U, \theta)$ 计算 $Q(S_{12}, L)$。

$$Q_{\text{reg}}(1,2,L,\theta) = 0.31 \times 1 + 0.65 \times 2 + 0.16 \times 2 - 0.11 \times 1 + 3.68 \times 1 = 5.5$$

（27）进行状态更新

$$S_{12} \to \boxed{L} \to (r, S_{02})$$

（28）S_{02} 是终点，所以行动状态价值函数的值变为 0。

$$Q_{\mathrm{reg}}(0,2,R,\theta) = 0$$
$$Q_{\mathrm{reg}}(0,2,L,\theta) = 0$$
$$Q_{\mathrm{reg}}(0,2,U,\theta) = 0$$
$$Q_{\mathrm{reg}}(0,2,D,\theta) = 0$$
$$\max_A \{ Q_{\mathrm{reg}}(S_{02},A,\theta) \} = 0$$

（29）计算 TD 误差：δ。

$$Q_{\mathrm{reg}}(1,2,L,\theta) = 5.38$$
$$\max_A \{ Q_{\mathrm{reg}}(S_{02},A,\theta) \} = 0$$

$$\delta = 100 + \gamma \max_A \{ Q_{\mathrm{reg}}(S_{02},A,\theta) \} - Q_{\mathrm{reg}}(1,2,U,\theta)$$
$$= 100 + 0.9 \times 0 - 5.38 = 94.62$$

（30）在状态 S_{12} 下，更新回归参数。

$$\theta_1 \leftarrow 0.31 + 0.01 \times (94.62) \times 1 = 1.26$$
$$\theta_2 \leftarrow 0.65 + 0.01 \times (94.62) \times 2 = 2.54$$
$$\theta_3 \leftarrow 0.16 + 0.01 \times (94.62) \times 2 = 2.05$$
$$\theta_4 \leftarrow -0.11 + 0.01 \times (94.62) \times 1 = 0.84$$
$$\theta_5 \leftarrow 1.88 + 0.01 \times (94.62) \times 1 = 2.83$$
$$\theta_6 \leftarrow 3.68 + 0.01 \times (94.62) \times 1 = 4.63$$
$$\theta_7 \leftarrow -1.41 + 0.01 \times (94.62) \times 1 = -0.46$$
$$\theta_8 \leftarrow 2.88 + 0.01 \times (94.62) \times 1 = 3.83$$

$$\begin{pmatrix} 0.31 \\ 0.65 \\ 0.16 \\ -0.11 \\ 1.88 \\ 3.68 \\ -1.41 \\ 2.88 \end{pmatrix} \to \begin{pmatrix} 1.26 \\ 2.65 \\ 2.05 \\ 0.84 \\ 2.83 \\ 4.63 \\ -0.46 \\ 3.83 \end{pmatrix}$$

　　至此，第 1 次试验结束。学习引擎被重置为起始网格 S_{30}，开始第 2 次试验。当前试验过程中的回归函数参数，使用第 1 次试验中更新的参数。像这样反复学习，直到参数收敛为止。

　　最后的学习结果如图 3.12 左边的图表所示。

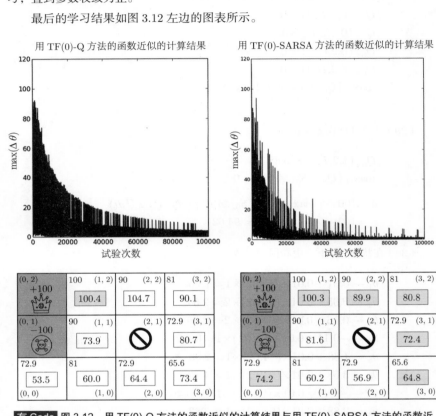

图 3.12　用 TF(0)-Q 方法的函数近似的计算结果与用 TF(0)-SARSA 方法的函数近似的计算结果的比较

　　和前例一样，使用了由 TD(0)-SARSA 方法改良的近似函数。另外，为了进行比较，附上了 TF(0)-SARSA 方法的结果（图 3.12 右边的图表）。可以看出，TD(0)-Q 方法中的函数近似在学习精度和参数收敛性方面不如 TD(0)-SARSA 方法。

　　用 TD(0)-Q 方法试验了 10 万次，结果参数的变动幅度没有被控制在 5 以下。另外，回归后的价值函数的值也只有一个网格与理想值的误差在 1% 以内。相比之下，TD(0)-SARSA 方法经过 10 万次试验，参数的变动幅度被控制在 1 以下。另外，用收敛的参数计算出的价值函数的值，有 6 个网格与理想值的误差在 1% 以内。

原因之一是 TD(0)-Q 方法原本是一种 Off-Policy 方法，不适用于梯度方法。但是近年来，DQN 扩展了 TD(0)-Q 近似方法，以深层神经网络为近似函数，取得了很好的学习结果。关于 DQN，将在第 4 章详细介绍。

总结

（1）为了解决大型复杂问题（连续状态 / 连续行为），需要引入类似 $Q(S_t, a_t)$ 的近似函数 $f(S_t, a_t, \theta)$ 来代替行动价值函数 $Q(S_t, a_t)$ 表。

（2）要构建近似函数 $f(S_t, a_t, \theta)$，需要设计近似函数的形式，即线性、非线性、多项式或神经网络。

（3）行动价值函数近似方法是一种将强化学习和机器学习相融合的方法。监督数据的获取来自强化学习，参数来自机器学习。

（4）通过将函数近似强化学习方法转换为有监督机器学习的回归问题，可以求出近似函数 $f(S_t, a_t, \theta)$ 的参数 θ。

（5）使用蒙特卡罗方法的价值函数近似强化学习方法获得的监督数据是"真"的监督数据。而使用 TD 方法获取的监督数据是"伪"监督数据，所以更新参数 θ 时使用的梯度也是"伪"梯度。

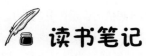
读书笔记

第**4**章

深度强化学习的原理和方法

4.0 简介

本章将介绍最新的强化学习方法——深度强化学习的机制。深度强化学习顾名思义，是以卷积神经网络和深层玻尔兹曼机器等为代表的深层神经网络作为近似函数的强化学习方法。

传统神经网络也被广泛应用于机器学习的回归和分类问题，并且有很多的参考资料和书籍等。而深层神经网络与传统神经网络相比，其神经网络层的数量扩展到了数十层至数百层，但书籍等还不是很多。传统的机器学习方法无法解决的问题也得以解决，关于学习方法的研究正以日新月异的速度发展。

本章首先介绍基于传统神经网络的强化学习方法的基本原理。然后介绍第3章中未提及的策略梯度法这一强化学习方法的原理和应用。最后介绍近年来基于策略梯度法开发的最新型算法的代表性示例。由于内容尚处于发展阶段，不可能全面囊括，所以本章将介绍各方法原理的核心内容和执行过程中最重要的部分。

4.1 TD-Q 方法中基于 NN 的行动价值函数回归

毫不夸张地说，深度强化学习是最高级的函数近似方法。其过程很复杂，在内容上也存在很多难以理解的地方。本节将介绍如何运用深度强化学习的基础——NN（Neural Network，神经网络）对价值函数进行近似。第 3 章中所使用的简单近似函数，由于表现力较弱，因此无法得到优秀的回归结果；而本节中将要学习的基于 NN 的行动位置函数，则具有更高的表现力，能够应对复杂的问题。掌握了这些知识，对今后理解深度强化学习会有很大帮助。

使用 NN 对价值函数进行近似，最简单的方法是将第 3 章中使用的多项式近似函数置换为 NN。NN 中函数近似的基本表示方式如下所示。

$$Q(s_t, a_t) = f(s, w) \tag{4.1}$$

其中，w 是与多项式的参数 θ 具有相同功能的参数。在 NN 中，参数 w 称为权重。与多项式近似一样，权重 w 的学习就是函数回归的目的。关于式（4.1）中 $f(s, w)$ 的具体形式和学习所需的误差函数，以及 NN 中权重 w 更新的详情，可参阅机器学习的专业书籍。更新公式可以通过发布代码计算，可以实际尝试一下。另外，在本章中，为了与其他文献的表述一致，s 用小写字母表示。

TD-Q 方法中基于 NN 的行动价值函数回归的详细过程如图 4.1 所示。从原理上来说，只要将第 3 章介绍的所有方法的多项式近似函数替换成 NN 就可以学习了。下面介绍最具代表性的 TD-Q 方法中基于 NN 的行动状态价值函数的回归方法。

这次也是通过网格世界的应用实例，将图 4.1 中的内容按步骤分解说明。另外，考虑到要进行编码，使图的结构内容与发布代码的结构内容相对应。

（1）设计 NN 的结构，赋予权重 w 随机值。例子中设计了 3 层 NN，输入层的神经元数为两个，分别对应状态 $s_t = (x, y)$ 的 x 坐标和 y 坐标。中间层的神经元数为三个。输出层的神经元数为 4 个。这 4 个神经元分别对应 4 种行动的行动价值函数 $Q(s_t, 'R')$、$Q(s_t, 'L')$、$Q(s_t, 'U')$、$Q(s_t, 'D')$。

（2）学习引擎处于某种状态。例如，假设状态 $s_t = (2, 2)$。

（3）在输入中代入 $s_t = (2, 2)$，计算 4 种行动价值函数的值 $Q(s_t, 'R')$，$Q(s_t, 'L')$，$Q(s_t, 'U')$，$Q(s_t, 'D')$。

（4）基于算出的 $Q(s_t, a)$，应用 ε-Greedy 策略。例如，按照以下决定的行动选项来行动。

$$a = 'R'$$

由此得到了奖励后，状态就会改变。

$$s_{22} \rightarrow \boxed{R} \rightarrow (r, s_{32})$$

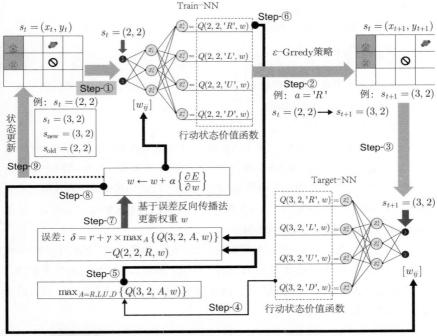

有 Code　图 4.1　TD-Q 方法中基于 NN 的行动价值函数回归的详细过程

（5）将状态 s_{32} 的 $s_t =(3,2)$ 代入 NN 的输入层神经元，就能计算出状态 s_{32} 中 4 种行动的行动价值函数的值。

（6）根据计算出的行动价值函数，确定具有最大值的行动价值函数。

$$\max_{A=R,L,U,D}\{Q(3,2,A,w)\}$$

（7）使用确定好的最大行动状态价值函数的值和用（4）的状态 $s_t=(3,2)$ 所确定的行动的行动价值函数，按如下方式决定误差 δ。

$$\delta = r + \gamma \times \max_A\{Q(3,2,A,w)\} - Q(2,2,R,w)$$

其中，将计算状态 s_{32} 的 $\max_A\{Q(3,2,A,w)\}$ 的 NN 称为 Target-NN，将在状态 s_{22} 中计算 $Q(2,2,R,w)$ 的 NN 称为 Train-NN。

（8）根据计算出的结果，使用 NN 中的误差反向传播法将误差传播到每一层，并更新每一层的权重 w。

（9）更新学习引擎的状态。

$$s_{\text{old}} = (2,2) \rightarrow s_{\text{new}} = (3,2)$$

（10）学习引擎从更新后的状态 $s_t = (3,2)$ 重新开始学习，使用更新后的权重 w 计算下一步的行动状态价值函数。

之后重复以上的过程。

以上介绍了 TD-Q 方法中基于 NN 的行动价值函数回归。从图 4.1 可知，使用了 Target-NN 和 Train-NN。这两个 NN 共享了本节所介绍的结构中的权重 w。两个 NN，不一定要使用共同的 w。相反，为了降低伪梯度的负面效果，减少 Target-NN 的 w 更新次数会使学习更加稳定。这是因为不再依赖于参数 w，使用 Target-NN 计算的值将更接近样本数据。

因为使用了两个 NN，所以看起来很复杂，但是如果使用编码技术（Python 和 MATLAB 中的 class 功能等），仅设计一个 NN 就可以制作出具有任意数量、任意形式的 NN。图 4.1 中的学习过程通过编码来表现反而会变得简单，所以请读者获取发布代码进行确认。

4.2 基于 DQN 方法的行动状态价值函数的近似

在 4.1 节中，在 TD-Q 方法的函数近似中使用了 ε-Greedy 策略。TD-Q 方法原本是 Off-Policy 方法。从 TD-Q 方法的 Off-Policy 扩展而来的 DQN（Deep Q-Network）方法，在 2014 年作为 Nature 论文被发表，因其超高的学习精度和通用功能而受到关注。

本节将对 DQN 方法的实现过程进行说明。有关 DQN 和 DQN 使用的"经验回放（Experience Replay）"的背景知识，请参阅参考文献 [10] 和 [2]。本书将重点介绍应用过程中最重要的问题。

基于 DQN 的行动状态价值函数近似的详细过程如图 4.2 所示。从整体来看，与图 4.1 有一些不同之处，但实现过程是一样的。以下将着重说明不同之处。

（1）在 4.2 节中，NN 的主要功能是计算误差 δ。为此，设计了两种类型的 NN：Target-NN 和 Train-NN。DQN 方法中还有一种 NN，称为 Search-NN，它负责制作大量样本数据。

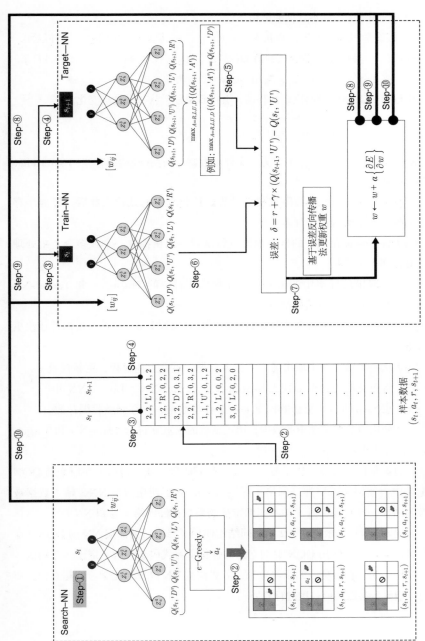

有 Code 图 4.2　基于 DQN 的行动状态价值函数近似的详细过程

（2）使用 NN 的样本数据的结构。

1）假设学习引擎处于任意状态 $s_t = (x, y)$。将其输入 NN 的输入层神经元，计算该状态下 4 种行动价值函数的值 $Q(s_t, 'R')$，$Q(s_t, 'L')$，$Q(s_t, 'U')$，$Q(s_t, 'D')$。

2）基于计算的 $Q(s_t, a_t)$，应用 ε-Greedy 策略。

执行由 ε-Greedy 策略决定的行动，会得到奖励，状态会发生变化。

$$s_t \rightarrow \boxed{a_t} \rightarrow (r, s_{t+1})$$

3）将这个 (s_t, a, r, s_{t+1}) 作为一个样本数据，保存在经验缓存池（Experience buffer）中。

按照 1）、2）、3）的顺序重复该过程。达到规定的试验次数后，经验缓存池中会保存数千到数万个样本数据。

（3）将经验缓存池中的样本数据进行洗牌，随机抽取一个或多个（批处理学习时是多个）数据。

（4）将取出的样本中的 s_t 和 s_{t+1} 分别代入对应的 Train-NN 和 Target-NN 中，计算行动状态价值函数的值。

（5）根据计算出的行动价值函数的值，计算出误差 δ，用误差反向传播法更新权重 w。

（6）从经验缓存池中取出另一个样本数据，重复上述过程，更新权重 w。

（7）将更新后的权重 w 代入 Search-NN、Train-NN、Target-NN 中。

（8）用 Search-NN 更新的权重 w 收集样本数据，保存到经验缓存池。

（9）使用经验缓存池中的数据，用更新后的权重 w 进行 Train-NN 和 Target-NN 的计算，更新权重。

一边重复以上过程一边学习，直到权重 w 收敛为止。最后，在原来的 DQN 的论文中，使用了深层神经网络（深层 NN），为了使用深层 NN，输入数据被转换为图像，并且还引入了学习图像特征的卷积神经网络（卷积 NN）。

如图 4.3 所示，根据图 4.2 用相同结构使用了修改后的深层 NN 的 DQN。在发布代码中收录了使用 DQN 的倒立摆的强化学习代码。读者一定要实践确认一下。另外，为了获得更好的学习效果，需要调整 NN 以及强化学习的超参数，所以应一边改变参数的值一边进行验证。

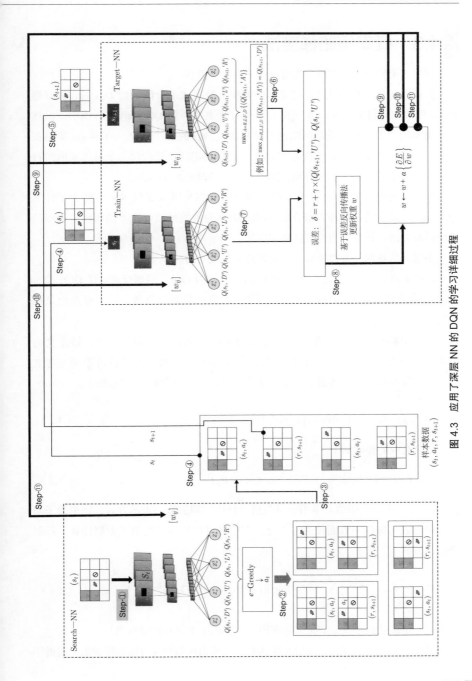

图 4.3 应用了深层 NN 的 DQN 的学习详细过程

4.3　概率策略梯度法

在引入策略梯度法之前，先复习一下贝尔曼方程。

假设状态转移概率为 1，则贝尔曼方程由行动状态价值函数 $Q(s_t, a_t)$ 和策略 $\pi(a|s)$ 组成。到目前为止，本书所介绍的方法主要围绕 $Q(s_t, a_t)$ 进行说明。虽然策略确实出现了，但是决定策略的标准是 $Q(s_t, a_t)$ 的值。例如，ε-Greedy 策略在探索时是随机决定行动的，而在利用时，则是利用处于某种状态下可以采取的行动 $Q(s_t, a_t)$ 中具有最大值的行动。因此，计算的核心是 $Q(s_t, a_t)$。

在函数近似方法中也完全一样。多项式和 NN 以及深层 NN 都是为了计算 $Q(s_t, a_t)$ 而设计的。这种方法在强化学习中称为价值函数方法。使用函数近似的价值函数方法，被定义为价值函数梯度法。

不过，从贝尔曼方程来看，以下观点也是成立的。

计算策略 $\pi(a|s)$，在计算出的策略的基础上选择行动，根据行动计算 $Q(s_t, a_t)$。当策略收敛时，与 $\max\{Q(s_t, a_t)\}$ 一样，价值函数也会收敛，这一概念也是成立的。

这是策略函数方法的根本。基于此对策略函数进行近似的方法，被定义为策略函数梯度法。策略函数梯度法公式的推导和梯度的详细计算可参阅参考文献 [11]。在这里，将描述最后一个表达式。每次行动的参数 θ_p 表示如下。

$$\eta(\theta_p) = E_\pi[Q_\pi(s_t, a_t)\pi(a \mid s, \theta_p)] \tag{4.2}$$

与之对应的梯度如下：

$$\nabla\eta(\theta_p) = E_\pi[Q_\pi(s_t, a_t)\nabla_{\theta_p}\log \pi(a \mid s, \theta_p)] \tag{4.3}$$

其中，$E_\pi[\ ]$ 表示期望值。本书中尽量避免使用期望值这一表示方式，这里为了与文献中的表述保持一致而使用。不过，期望值可以作为平均值来近似计算。近似表达式如下：

$$\nabla\eta(\theta_p) \sim \frac{1}{N}\sum_{i=1}^{N}\frac{1}{T}\sum_{t=1}^{T}\{\nabla_{\theta_p}\log \pi(a_t^i \mid s_t^i, \theta_p)\}\{Q_\pi(s_t^i, a_t^i)\} \tag{4.4}$$

其中，N 是总试验次数；T 是实际获得了奖励的 1 个试验的总次数。

图 4.4 总结了以上内容。以 DQN 为代表的价值函数梯度方法尚属少数，但近年

来提出了很多基于策略函数梯度法的方法。下面介绍其中重要的三种方法，即 Actor-Critic 方法、DDPG 方法、TRPO 方法，以及强大的策略函数梯度方法 AlphaGo。

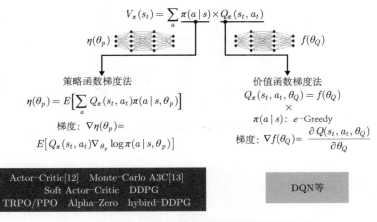

图 4.4　价值函数梯度法和策略函数梯度法的分类和比较
※ 图中 [] 内的数字表示该方法的参考文献。

在具体介绍各种方法之前，首先引入策略函数的具体形式。

策略函数根据可以采取的行动，分为离散策略函数和连续策略函数。首先介绍最简单的离散策略函数。

1. 离散策略函数

图 4.5 表示了 5 种行动。另外，为了评价各行动是否是好的行动，会为各行动打分（score）。后面会介绍如何计算这个 score。表示这种离散特征的概率分布有很多，最简单的是 Softmax 函数。

$$\pi(a_i|s) = \frac{\exp(\mathrm{score}_{a_i})}{\sum\limits_{i=1,2,\cdots,5} \exp(\mathrm{score}_{a_i})} \tag{4.5}$$

2. 连续策略函数

在行动连续变化的情况下，需要使用连续的概率分布来表示行动。在这里，引入正态分布 $N(a;\mu,\sigma)$，它是最简单的连续分布，如图 4.6 所示。也就是说，在计算出的行动分数具有分布的概念下，引入平均数和方差。这样一来，行动的值就可以取一切值，可以表现连续的行动变化。

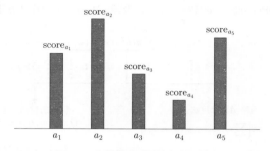

图 4.5　离散策略函数的定义和模式

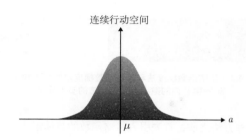

图 4.6　连续策略函数的模式

$$\pi(a|s) = N(a;\mu,\sigma) = \frac{1}{\sqrt{2\pi\sigma}}\,\mathrm{e}^{-\frac{1}{2\sigma}(a-\mu)^2}$$

（4.6）

4.3.1　蒙特卡罗离散策略梯度法

为了让读者熟悉策略梯度法，下面介绍一下最简单的蒙特卡罗（MC）离散策略梯度法。既然使用蒙特卡罗方法，那么初始设置与第 2 章介绍的固定起始点网格世界中的蒙特卡罗方法的学习规则相同。

使用函数近似的离散策略函数如图 4.7 所示。用公式表示如下。

$$\pi_\theta(a_t \mid s_t) = \frac{\exp\{\theta(s_t,a_t)\}}{\sum\limits_{B=R,L,U,D} \exp\{\theta(s_t,B)\}}$$

（4.7）

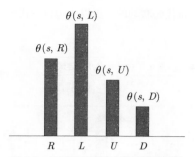

图 4.7 使用函数近似的离散策略函数

另外，每次试验都会更新参数，因此 $N=1$，式（4.4）变为式（4.8）。

$$\nabla \eta(\theta_p) \sim \frac{1}{T} \sum_{t=1}^{T} \{ \nabla_{\theta_p} \log \pi(a_t | s_t, \theta_p) \} \{ Q_\pi(s_t, a_t) \} \quad （4.8）$$

蒙特卡罗方法可以用总奖励来近似 $Q_\pi(s_t, a_t)$。

$$Q_\pi(s_t, a_t) \approx G(s_t, a_t) \quad （4.9）$$

把它代入式（4.8）中则表示如下。

$$\nabla \eta(\theta_p) \sim \frac{1}{T} \sum_{t=1}^{T} \{ \nabla_{\theta_p} \log \pi(a_t | s_t, \theta_p) \} G(s_t, a_t) \quad （4.10）$$

将式（4.7）代入式（4.10）中进行计算。最终表示如下。

$$\nabla \eta(\theta_p) = \frac{1}{T} \{ [1 - \pi_\theta(a_t | s_t)] \times N_1 - \pi_\theta(a_t | s_t) \times N_2 \} G(s_t, a_t) \quad （4.11）$$

$$\nabla \eta(\theta_p) = \frac{1}{T} \{ N_1 - \pi_\theta(a_t | s_t) \times N_{s_t} \} G(s_t, a_t) \quad （4.12）$$

其中，N_1 表示在状态 s_t 下，行动 a 被选择的次数；N_{s_t} 表示通过状态 s_t 的次数。参数 θ 被更新。

$$\theta_{\text{new}} \leftarrow \theta_{\text{old}} + \alpha \nabla \eta(\theta_p) \quad （4.13）$$

图 4.8 展示了使用 Softmax 函数近似的蒙特卡罗离散策略梯度法的学习过程。

因为图中的内容是与发布代码联动的，所以一边执行代码一边看图的话会更容易理解。

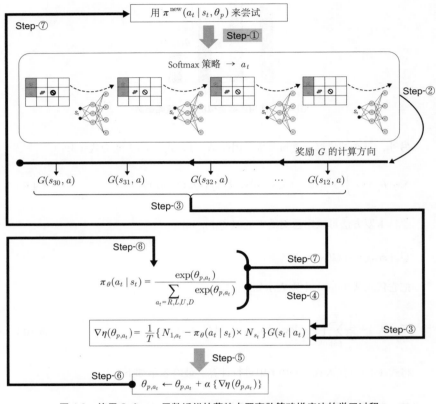

图 4.8　使用 Softmax 函数近似的蒙特卡罗离散策略梯度法的学习过程

　　下面通过网格世界的具体示例，对执行代码时的结果和计算步骤进行说明。

　　网格世界的总状态数是 9 个，1 个状态有 4 种行动（图 4.8）。因此行动状态参数的数量 (s, a) 为 36 个。一个试验结束后，将按照式（4.13）更新这 36 个参数。

　　下面来说明一下具体的步骤和应用方法。

　　（1）给所有参数随机赋予初始值（如正规随机数）。

　　（2）学习引擎在起始网格 s_{30} 中。

　　（3）根据给定参数的初始值，计算状态 s_{30} 下的行动概率。

例如，假设 $(s_{30, a=R,L,U,D}) = (0.2,\, 0.1,\, 0.8,\, 0.6)$ 。

$$\pi(R|s_{30}) = \frac{e^{0.2}}{e^{0.2} + e^{0.1} + e^{0.8} + e^{0.6}} = 0.19 = 19\;〔\%〕$$

$$\pi(L|s_{30}) = \frac{e^{0.1}}{e^{0.2} + e^{0.1} + e^{0.8} + e^{0.6}} = 0.17 = 17\;〔\%〕$$

$$\pi(U|s_{30}) = \frac{e^{0.8}}{e^{0.2} + e^{0.1} + e^{0.8} + e^{0.6}} = 0.35 = 35\;〔\%〕$$

$$\pi(D|s_{30}) = \frac{e^{0.6}}{e^{0.2} + e^{0.1} + e^{0.8} + e^{0.6}} = 0.29 = 29\;〔\%〕$$

s_{30} 中的行动是按照上述概率选择的。Python 代码可以用

$$[\text{Action} = \text{np.random.choice}\{4,\, P = \pi(a_i|s_t)\}]$$

执行。

（4）在各状态下以计算出的 $\tau(a_i|s_t)$ 概率决定行动进行探索。经过大量的探索到达终点，一次试验就结束了。之后，就像第 2 章介绍的蒙特卡罗方法一样，进入更新程序。

（5）计算总次数 T、在各状态下选择各行动的次数 N_t、通过状态 s_t 的次数 N_s、总奖励 $G(s_t, a_t)$，进行统计处理。

根据处理后的数据，按如下步骤更新参数。

例如：$T = 200$，$N_{s_{30}, a=R,L,U,D} = (30,12,1,5)$，$N_{s_{30}} = 48$，

$$G(s_{30}, a) = (2.34,\, 2.67,\, 0,\, 0)$$

$$\theta(s_{30}, R)_{\text{new}} = 0.2 + 0.1 \times \frac{1}{200}(30 - 0.19 \times 48) \times 2.34 = 0.22$$

$$\theta(s_{30}, L)_{\text{new}} = 0.1 + 0.1 \times \frac{1}{200}(12 - 0.17 \times 48) \times 2.67 = 0.11$$

$$\theta(s_{30}, U)_{\text{new}} = 0.8 + 0.1 \times \frac{1}{200}(1 - 0.35 \times 48) \times 0 = 0.8$$

$$\theta(s_{30}, D)_{\text{new}} = 0.6 + 0.1 \times \frac{1}{200}(5 - 0.29 \times 48) \times 0 = 0.6$$

以这种方式更新所有其他 8 个状态下的 $\theta(s_t, a_t)$。

（6）用更新的参数 $\theta(s_t, a_t)$ 计算各状态下的行动概率，并根据这些概率执行行动，同时进行第 2 次试验的探索。

如此反复计算，直到 (s_t, a_t) 收敛为止。以上介绍了利用蒙特卡罗离散策略梯

度。计算结果如图 4.9 所示。

第 1 次

	R	U	L	D
(0, 0)	0.251	0.248	0.251	0.251
(1, 0)	0.251	0.251	0.248	0.251
(1, 1)	0.250	0.250	0.250	0.250
(1, 2)	0.250	0.250	0.250	0.250
(2, 0)	0.251	0.249	0.249	0.251
(2, 2)	0.250	0.250	0.250	0.250
(3, 0)	0.250	0.250	0.249	0.250
(3, 1)	0.250	0.250	0.250	0.250
(3, 2)	0.250	0.250	0.250	0.250

第 10 次

	R	U	L	D
(0, 0)	0.252	0.244	0.252	0.252
(1, 0)	0.252	0.253	0.246	0.249
(1, 1)	0.247	0.258	0.248	0.247
(1, 2)	0.253	0.261	0.241	0.245
(2, 0)	0.258	0.247	0.253	0.243
(2, 2)	0.242	0.243	0.273	0.242
(3, 0)	0.255	0.256	0.248	0.241
(3, 1)	0.237	0.262	0.260	0.240
(3, 2)	0.262	0.262	0.241	0.234

第 100 次

	R	U	L	D
(0, 0)	0.252	0.238	0.254	0.256
(1, 0)	0.258	0.259	0.230	0.253
(1, 1)	0.246	0.303	0.215	0.236
(1, 2)	0.234	0.225	0.357	0.184
(2, 0)	0.272	0.246	0.243	0.239
(2, 2)	0.191	0.235	0.363	0.211
(3, 0)	0.233	0.312	0.220	0.236
(3, 1)	0.264	0.323	0.223	0.190
(3, 2)	0.208	0.251	0.344	0.198

第 500 次

	R	U	L	D
(0, 0)	0.290	0.207	0.252	0.251
(1, 0)	0.292	0.279	0.170	0.259
(1, 1)	0.207	0.486	0.097	0.210
(1, 2)	0.054	0.101	0.819	0.026
(2, 0)	0.336	0.256	0.167	0.240
(2, 2)	0.075	0.146	0.650	0.130
(3, 0)	0.149	0.585	0.096	0.170
(3, 1)	0.202	0.596	0.121	0.082
(3, 2)	0.117	0.126	0.681	0.076

最终策略

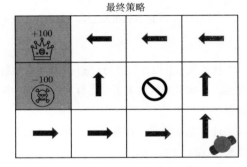

有 Code 图 4.9　将蒙特卡罗离散策略梯度法应用于网格世界的计算结果

　　经过多次试验，发现与使用价值函数方法获得的最佳方案是一致的。

　　另外，这里举例的策略梯度法是使用 Softmax 函数进行近似的，当然也可以使用 NN 的函数近似方法。使用 NN 的蒙特卡罗离散策略梯度法的概要如图 4.10 所示。请对照图 4.9 理解它们的不同之处。

　　下一小节将介绍使用 NN 的函数近似策略梯度法的例子。

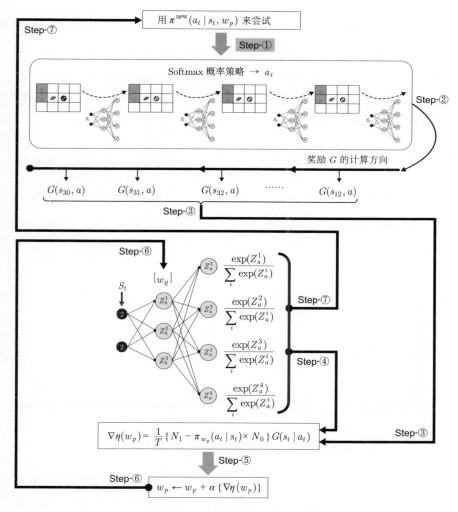

图 4.10 使用 NN 的蒙特卡罗离散策略梯度法的概要

4.3.2 基线蒙特卡罗离散策略梯度法

在前项介绍的蒙特卡罗离散策略梯度法中，将行动价值函数 $G(s_t, a_t)$ 作为总奖励，像式（4.14）那样进行了近似。

$$Q(s_t,a_t) \approx G(s_t,a_t) \tag{4.14}$$

如前面章节所述，基于简单奖励的策略梯度法进行计算是非常不稳定的。另外，正如第 2 章中提到的，纯粹的蒙特卡罗方法会使 Q 值的更新非常不稳定。作为这种情况的对策之一，就是像下面这样从行动价值函数中减去价值函数，Q 值的更新就会稳定（图 4.11）。

$$Q(s_t,a_t) = \frac{1}{M}\sum_{i=1}^{M}G^i(s_t,a_t) \tag{4.15}$$

$$V(s_t) = \max\{Q(s_t,a_t)\} \tag{4.16}$$

$$Q(s_t,a_t) \leftarrow Q(s_t,a_t) - V(s_t) \tag{4.17}$$

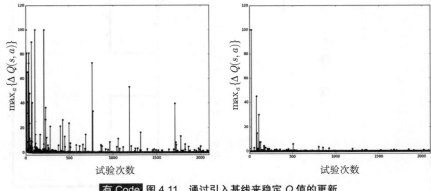

有 Code 图 4.11 通过引入基线来稳定 Q 值的更新

这种方法被定义为基线法（baseline）。同样，为了稳定策略梯度法的参数的学习过程，提出了基线法，效果也得到了确认。如果在式（4.8）中引入价值函数基线，则得到式（4.18）。

$$\nabla\eta(\theta_p) \sim \frac{1}{T}\sum_{t=1}^{T}\{\nabla_{\theta_p}\log\pi(a_t|s_t,\theta_p)\}\{G(s_t,a_t) - V(s_t)\} \tag{4.18}$$

在上一小节的网格世界课题中，引入基线计算的结果如图 4.12 所示。

从图 4.12 中可以看出，通过引入基线，参数 θ_p 的更新比较稳定。另外，正如

第 3 章中所述，使用蒙特卡罗方法的函数近似方法在更新参数时，具有变动剧烈、学习不稳定的弱点。为了改善这一点，引入基线是有效的。基于蒙特卡罗方法的策略梯度法也表现出同样的倾向。图 4.12 显示了更新时 4 种行动策略的参数的最大更新量。

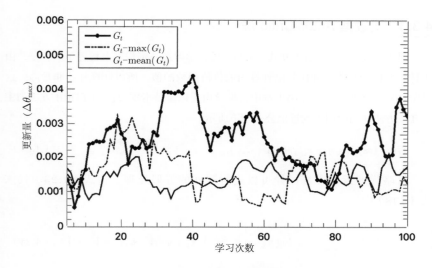

图 4.12　基线对参数更新时稳定性的影响

关于基线，一般使用价值函数，但是为了简单，在这里进行了以下的近似处理，引入了一个简单的基线。

$$V_{bs1} \approx \max\{G(s_t, A)\} \tag{4.19}$$

$$V_{bs2} \approx \mathrm{mean}\{G(s_t, A)\} \tag{4.20}$$

在式（4.19）和式（4.20）中，将各状态下不同行动的总奖励 $G(s_t, A)$ 的平均值和最大值定义为价值函数的近似值。因此，表示参数梯度的式（4.18）就变成下面这样。

$$\nabla\eta(\theta_p) = \frac{1}{T}\{[1 - \pi_\theta(a_t|s_t)] \times N_1 - \pi_\theta(a_t|s_t) \times N_2\}(G(s_t, a_t) - V_{bs1}) \tag{4.21}$$

$$\nabla\eta(\theta_p) = \frac{1}{T}\{[1 - \pi_\theta(a_t|s_t)] \times N_1 - \pi_\theta(a_t|s_t) \times N_2\}(G(s_t, a_t) - V_{bs2}) \tag{4.22}$$

从图 4.12 可以看出，通过引入基线，在一定程度上抑制了参数更新时的不稳定性。特别是平均近似的基线 V_{bs2}，能看出大幅度的改善效果。但是，学习到的最佳策略的结果，也就是基线 V_{bs2}，对于网格点 (0,0) 的策略，没有找到最佳策略。

下一小节中将介绍更有效的基线方法。

4.3.3 离散型 Actor-Critic 法

引入基线的式（4.21）和式（4.22）后，学习在一定程度上稳定了。但是，由于计算使用的是奖励和用奖励计算出的价值函数的值，所以计算开销非常高。这是蒙特罗方法的弱点。在第 1 章中，推导出了以蒙特卡罗方法和 TD(0) 方法为主的 TD 方法，当时引入的近似公式如下所示。

$$G(s_t) \approx V(s_t) \approx r_{t+1} + \gamma V(s_{t+1}) \tag{4.23}$$

策略梯度近似方法同样可以进行这样的近似处理。把式（4.23）代入式（4.18）中。

$$\nabla \eta(\theta_p) \sim \frac{1}{T} \sum_{t=1}^{T} \{\nabla_{\theta_p} \log \pi(a_t \mid s_t, \theta_p)\}\{r_{t+1} + \gamma V(s_{t+1}) - V(s_t)\} \tag{4.24}$$

式（4.24）的最后一项为 TD 误差。

$$\delta = r_{t+1} + \gamma V(s_{t+1}) - V(s_t) \tag{4.25}$$

使用 TD 误差重写式（4.24）。

$$\nabla \eta(\theta_p) \sim \frac{1}{T} \sum_{t=1}^{T} \{\nabla_{\theta_p} \log \pi(a_t | s_t, \theta_p)\} \delta \tag{4.26}$$

上述计算方法在强化学习中称为 Actor-Critic 法。式（4.25）因为计算了误差，所以称为 Critic。式（4.26）因为计算了行动，所以称为 Actor。Actor-Critic 法中的计算，需要分为 Critic 中的计算和 Actor 中的计算这两个步骤来进行。

综上所述，Critic 中的计算实质上是 TD 误差的计算。TD 误差的计算主要是价值函数 $V(s_{t+1})$ 的计算。到目前为止，介绍了各种各样的方法，下面集中说明函数近似方法。

在第 3 章中介绍过，可以使用具有参数 θ_v 的近似价值函数 $V(s_{t+1}, \theta_v)$ 来近似

价值函数 $V(s_{t+1})$。另外，对第 3 章的函数近似式（3.27）所需的监督训练数据可以进行如下处理。

$$d = r_{t+1} + \gamma V(s_{t+1}) \tag{4.27}$$

在这些条件下，参数 θ_v 的更新公式如下。

$$\theta_v = \theta_v + \alpha \{d - V(s_t, \theta_v)\} \frac{\partial V(s_t, \theta_v)}{\partial \theta_v} \tag{4.28}$$

将式（4.27）代入式（4.28）后，如下所示。

$$\theta_v = \theta_v + \alpha \{r_{t+1} + \gamma V(s_{t+1}) - V(s_t, \theta_v)\} \frac{\partial V(s_t, \theta_v)}{\partial \theta_v} \tag{4.29}$$

此外，正如第 2 章所述，根据如何处理状态价值函数 $V(s_{t+1})$，提出了 TD(0)-Q 方法和 TD(0)-SARSA 方法。同样地，根据如何处理 $V(s_{t+1})$ 来执行式（4.29），计算方法也会有所不同。

（1）直接用近似函数来近似 $V(s_{t+1})$。

（2）用 TD(0)-SARSA 方法来近似 $V(s_{t+1})$。

$$V(s_{t+1}) \approx r + \gamma Q(s_{t+1}, a_{t+1}) \tag{4.30}$$

（3）用 TD(λ) 法来近似 $V(s_{t+1})$。

$$V(s_{t+1}) \approx r + \gamma V(s_{t+2}) \tag{4.31}$$

$$V(s_{t+1}) \approx r + \gamma \{r + \gamma V(s_{t+3})\} = r + \gamma r + \gamma^2 V(s_{t+3}) \tag{4.32}$$

$$V(s_{t+1}) \approx r + \gamma r + \gamma^2 r + \gamma^3 V(s_{t+4}) \tag{4.33}$$

$$V(s_{t+1}) \approx r + \gamma r + \gamma^2 r + \gamma^3 r + \cdots + \gamma^n V(s_{t+n+1}) \tag{4.34}$$

实际上，近年来有很多关于 $V(s_{t+1})$ 处理方法的研究报告。感兴趣的读者可参阅参考文献 [13]。

接下来，展示强化学习中的 TD 误差与 Advantage 函数之间的关联性。TD 误差的本质是由行动价值函数按如下公式近似的。

$$Q(s_t, a_t) \approx G(s_t, a_t) \approx V(s_t) \approx r_{t+1} + \gamma V(s_{t+1}) \tag{4.35}$$

在强化学习中，式（4.35）近似出来的误差对应于以下公式。

$$A(s_t, a_t) = Q(s_t, a_t) - V(s_t) \qquad (4.36)$$

它被称为 Advantage 函数。根据 DP 方法的定义

$$Q(s_t, a_t) = E_\pi \{ r_{t+1} + \gamma V(s_{t+1}) \} \qquad (4.37)$$

Advantage 函数定义如下。

$$A(s_t, a_t) = E_\pi \{ r_{t+1} + \gamma V(s_{t+1}) - V(s_t) \} \qquad (4.38)$$

$$A(s_t, a_t) = E_\pi \{ \delta \} \qquad (4.39)$$

因此，TD 误差的期望值可以定义为 Advantage 函数的值，或者，Advantage 函数也可以使用 TD 误差进行近似，从而在每一步更新 Advantage 函数。

$$A(s_t, a_t) \approx \delta = r_{t+1} + \gamma V(s_{t+1}) - V(s_t) \qquad (4.40)$$

需要注意的是，如果使用 TD(0)-Q 方法来近似价值函数，则有如下公式。

$$V(s_{t+1}) \approx r + \max_A (s_{t+1}, A) \qquad (4.41)$$

然而，实际上并没有人提出使用 TD(0)-Q 方法来近似价值函数的方法。这是有原因的。Q 方法是 Off-Policy 的学习方法，而策略梯度法则是 On-Policy 的学习方法。从本质上来说，两种方法没有融合性。

但是近年来，有人提出了将两种方法完美融合的学习方法。有兴趣的读者可以参阅参考文献 [19]。

Actor 中的计算，是将用 Critic 计算得到的 TD 误差代入式（4.26）进行计算。计算方法和先前介绍的方法一样，所以省略详细的说明。

最后，TD(0)-SARSA 方法的整体图如图 4.13 所示。这里展示了使用 NN 进行价值函数近似和策略函数近似的方法。主要的计算更新公式如下。

Critic-NN

$$\delta = r + \gamma \times Q\{(s_{t+1}, a_{t+1}, w_Q) - Q(s_t, a_t, w_Q) \qquad (4.42)$$

$$w_Q \leftarrow w_Q + \alpha \delta \left\{ \frac{\partial Q}{\partial w_Q} \right\} \qquad (4.43)$$

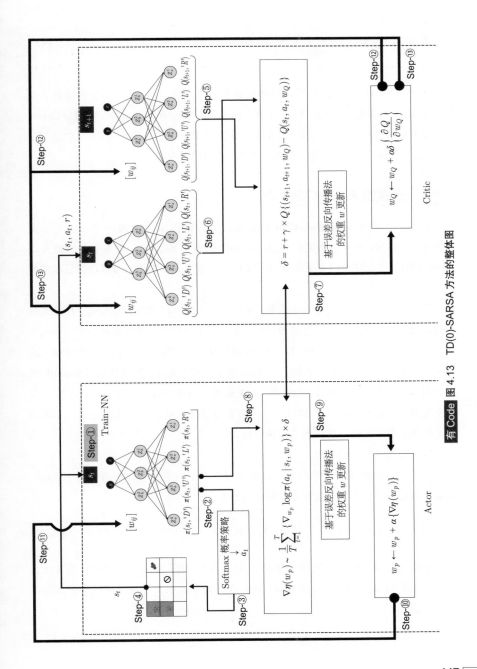

图 4.13　TD(0)-SARSA 方法的整体图

有 Code

Actor-NN

$$\nabla \eta(w_p) \sim \nabla_{w_p} \log \pi(a_t | s_t, w_p) \times \delta \tag{4.44}$$

$$w_p \leftarrow w_p + \alpha \{\nabla \eta(w_p)\} \tag{4.45}$$

两个 NN 分别使用误差反向传播法更新权重参数。由 Actor-NN 的输出,按照 Softmax 策略发起行动,给出计算 Critic-NN 所需的 s_t、a_t、r。相反,Critic-NN 将根据这些信息计算出的 TD 误差 δ 作为反馈提供给 Actor-NN。一边重复这个过程,一边推进学习。请一边执行代码,一边理解内容。

4.3.4 连续型 Actor-Critic 法

在上一小节中介绍了 Actor-Critic 法,但行动仅限于离散行动。因为是离散行动,所以行动策略用类似 Softmax 的离散概率来表现。在本节中,将介绍 Actor-Critic 法,它适用于更常见的连续行动。可能有些人还不习惯连续行动的概念,所以在此简单说明一下。

图 4.14 所示为一个蓄电池充放电的示例。图 4.14(a)表示离散行动。所谓离散行动,就是只有充电和放电这两种行动。当然,不能只指定充电和放电来给蓄电池充电。实际上,在离散行动的情况下,对该行动的变化量一定是在某个地方预先确定的。在本例中,如果执行充电这一行动,就会按照事先确定的某种规则充 100W 的电。当执行放电这一行动时,会提供 100W 的电。与此相对,在图 4.14(b)中,仅凭充电和放电的指示是无法执行的。因为充电量和放电量是连续变化的,如果不指定具体的数字,就不能按照指示执行行动。

这就是连续行动的意思。

为了执行这种连续性的行动,强化学习在如下的策略中,不再采用 Softmax 函数,而是采用具有平均数和方差的高斯分布。

$$\pi(a_t | s_t) = \frac{1}{\sqrt{2\pi}\sigma} e^{-\frac{1}{2\sigma}(a_t - \mu)^2} = N(a_t; \mu, \sigma) \tag{4.46}$$

在确定行动 a 时,将从高斯分布中采样。除了用采样法确定行动 a 的方法之外,如果使用 Re-parameterization Trick 这一数学技术,还可以按以下公式直接计算行动 a。

$$a = u + \sigma \circ \varepsilon \qquad \{ \varepsilon \in N(0,1) \} \tag{4.47}$$

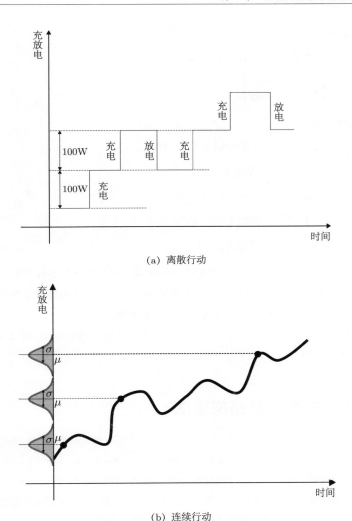

（a）离散行动

（b）连续行动

图 4.14　使用蓄电池说明离散行动和连续行动

通过以上的处理，就能处理连续行动了。关于学习的算法，除了增加了学习参数以外，与以往的离散型 Actor-Critic 法基本相同。具体来说，使用 NN 的价值函数近似和策略函数近似的计算更新公式如下。

Critic-NN

$$\delta = r + \gamma \times Q\{(s_{t+1}, a_{t+1}, w_Q) - Q(s_t, a_t, w_Q) \qquad (4.48)$$

$$w_Q \leftarrow w_Q + \alpha\delta\left\{\frac{\partial Q}{\partial w_Q}\right\} \qquad (4.49)$$

Actor-u-NN

$$\nabla\eta(w_{p\_\mu}) \sim \nabla_{w_{p\_\mu}} \log\pi(a_t|s_t, w_{p\_\mu}) \times \delta \qquad (4.50)$$

$$w_{p\_\mu} \leftarrow w_{p\_\mu} + \alpha\{\nabla\eta(w_{p\_\mu})\} \qquad (4.51)$$

Actor-σ-NN

$$\nabla\eta(w_{p\_\sigma}) \sim \nabla_{w_{p\_\sigma}} \log\pi(a_t|s_t, w_{p\_\sigma}) \times \delta \qquad (4.52)$$

$$w_{p\_\sigma} \leftarrow w_{p\_\sigma} + \alpha\{\nabla\eta(w_{p\_\sigma})\} \qquad (4.53)$$

从更新公式可以看出，计算策略的 Actor 端，对高斯分布参数的平均数和方差分别使用 NN 来近似。计算 TD 误差的 Critic 端，与传统离散型完全相同。由于变更的地方很少，所以省略了表示计算步骤的整体图。

在连续型 Actor-Critic 的发布代码中，具有连续行动的示例就着眼于 OpenAI Gym 上的连续型 Mountain Car 问题。

4.4 决策型策略梯度法

前面介绍的策略梯度法具有概率型的特点。2015 年，David Silver 等人提出了深度决策型策略梯度法（Deep deterministic policy gradient，DDPG），表现出了较好的学习效果。DDPG 方法可以同时处理离散型行动和连续型行动。

关于 DDPG 方法的介绍非常多。在本节中，首先对 DDPG 方法最重要的内容进行简单易懂的说明。然后还会介绍一下与此有关的混合 DDPG 方法。

4.4.1 DDPG 方法

DDPG 方法的基本要点在参考文献 [16] 中有详细描述。在此，简单总结一下该方法的要领。

图 4.15（a）表示概率方法。概率策略假定了具有平均数 μ 的高斯分布。

在这里，将概率引入期望值的计算改成积分的计算。

$$E_\pi\left[Q_\pi\left(s_t,a_t\right)\nabla_{\theta_p}\log\pi(a_t\mid s_t,\theta_p)\right]$$
$$=\int\pi(a_t\mid s_t,\theta_p)\nabla_{\theta_p}\log\pi(a_t\mid s_t,\theta_p)Q_\pi\left(s_t,a_t\right)\mathrm{d}a \tag{4.54}$$

式（4.54）中的对数的微分展开如下。

$$\int\pi(a_t\mid s_t,\theta_p)\nabla_{\theta_p}\log\pi(a_t\mid s_t,\theta_p)Q_\pi\left(s_t,a_t\right)\mathrm{d}a$$
$$=\int\nabla_{\theta_p}\pi(a_t\mid s_t,\theta_p)Q_\pi\left(s_t,a_t\right)\mathrm{d}a \tag{4.55}$$

式（4.55）的计算示意图如图 4.15（b）所示。对高斯分布的一阶微分是具有二峰性的曲线。为了便于理解，同时画出了具有任意形状的 $Q_\pi(s_t,a_t)$ 曲线。

DDPG 方法的最大特点如图 4.15（c）所示。图 4.15（c）是图 4.15（b）中的"某种假设"扩展的结果。这个假设是决策型策略假设。所谓决策型策略，如果用概率分布来表示，就是方差为 0 的概率型分布，即 delta 分布函数。delta 策略分布 π 如果对 $(a_t\mid s_t,\theta_p)$ 进行一阶微分，就变成图 4.15（c）所示的形状，分成两个 delta 分布函数。

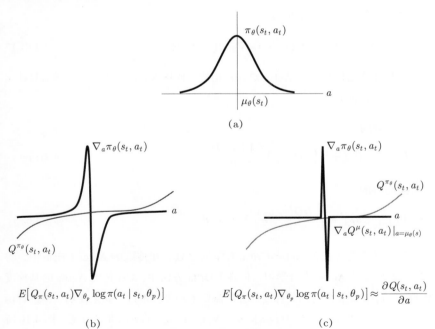

图 4.15　DDPG 方法的数学处理示意图

利用积分中的 delta 函数的性质，可以得到以下的近似结果。

$$\int \nabla_{\theta_p} \pi(a_t \mid s_t, \theta_p) Q_\pi(s_t, a_t) \mathrm{d}a \qquad (4.56)$$
$$\approx \frac{1}{\epsilon} \left\{ Q^\mu(s_t, \mu(s_t) + \epsilon) - Q^\mu(s_t, \mu(s_t) - \varepsilon) \right\}$$

$$\lim_{\epsilon \to 0} \frac{1}{\epsilon} \left\{ Q^\mu(s_t, \mu(s_t) + \epsilon) - Q^\mu(s_t, \mu(s_t) - \varepsilon) \right\} = \nabla_a Q_\pi(s_t, a_t) \qquad (4.57)$$

将式（4.56）和式（4.57）联立起来，就会得到如下非常简洁的结果。

$$\int \nabla_{\theta_p} \pi(a_t \mid s_t, \theta_p) Q_\pi(s_t, a_t) \mathrm{d}a = \nabla_a Q_\pi(s_t, a_t) \qquad (4.58)$$

另外，如果使用行动近似函数 $\mu(s_t, \theta_p)$，就会变成如下所示。

$$a = \mu(s_t, \theta_p) \qquad (4.59)$$

应用梯度链式法则后表示如下。

$$\nabla \eta(\theta_p) = \nabla_a Q_\pi(s_t, a_t) \nabla_\theta \mu(s_t, \theta_p) \qquad (4.60)$$

策略参数的更新公式如下。

$$\theta_p \leftarrow \theta_p + \alpha \left\{ \nabla_a Q_\pi(s_t, a_t) \times \nabla_\theta \mu(s_t, \theta_p) \right\} \qquad (4.61)$$

这种计算也是典型的 Actor-Critic 构造。使用 NN 进行近似时，学习算法可以按如下方式表示。

Critic-NN

$$\theta_{V,t+1} = \theta_{V,t} + \alpha \left\{ TD_{\text{error}} \right\} \frac{\partial V(s_t, \theta)}{\partial \theta} \qquad (4.62)$$

Actor-NN

$$\theta_{P,t+1} = \theta_{P,t} + \alpha \frac{\partial Q(s_t, a_t)}{\partial a} \nabla u(s_t, \theta_a) \qquad (4.63)$$

这个计算与先前的 Actor-Critic 有不同之处。在传统的 Actor-Critic 中，将 TD 误差反馈给 Actor 进行学习，但在 DDPG 方法中，Critic 给 Actor 的是梯度 $\nabla_a Q_\pi(s_t, a_t)$。计算此行动的梯度的方法需要下功夫。不过，如果使用 NN 进行函数近似，对行动价值函数的行动求梯度 $\nabla_a Q_\pi(s_t, a_t)$ 的方法非常方便。图 4.16 所示为执行 DDPG 方法时的整体情况。用这张图来说明计算上述梯度的方法。

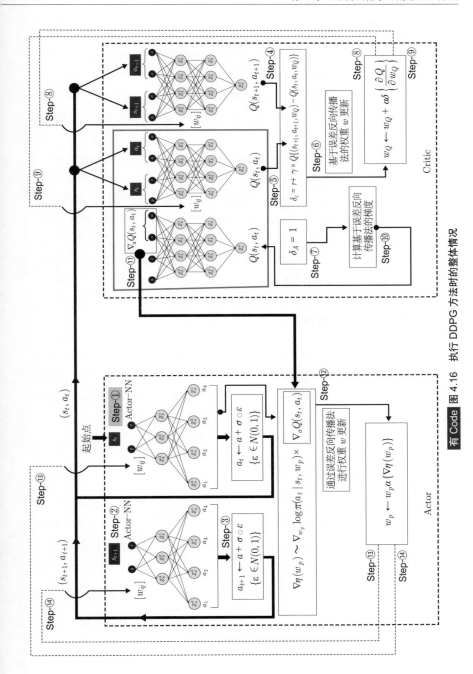

有 Code 图 4.16　执行 DDPG 方法时的整体情况

（1）对于 Critic NN 的输入层，除了表示状态 s_t 和 s_{t+1} 的神经元之外，还要增设能够输入行动 a_t 和 a_{t+1} 的神经元。另外，也有将行动 a_t 和 a_{t+1} 增设在第 2 层输入层而不是第 1 层的情况。

（2）Critic NN 不进行行动的计算，所以行动 a_t 和 a_{t+1} 就得使用 Actor NN 的输出。另外，对于离散行动，输入 one-hot$[0,0,1,\cdots]$ 对于连续行动，直接使用输出层的值。

（3）在更新 Critic NN 的权重时，计算通常的 TD 误差，然后根据该 TD 误差来更新权重。

（4）为了计算 $\nabla_a Q_\pi(s_t, a_t)$，将误差设为 1，用误差反向传播法计算行动 a_t/a_{t+1} 所在神经元中的梯度。将求出的梯度直接代入 Actor NN 的梯度更新公式，有助于 Actor NN 的权重更新。

以上对 DDPG 方法进行了说明。由于还发布了用于执行 DDPG 方法的代码，因此强烈建议对照图 4.16 来理解代码的内容。

4.4.2　混合 DDPG 方法

混合 DDPG（Hybrid DDPG）方法是我们与 Grid 公司共同开发的改良型算法。详细内容请见参考文献 [20]。混合 DDPG 方法的原理极为简单，它由传统的概率型 DDPG 与决策型 DDPG 融合而成。超参数决定了融合的比例。下面介绍最简单的基于 Gibbs 采样的 DDPG 方法。

Critic NN 与传统的 DDPG 方法完全相同，如下所示。

$$\theta_{V,t+1} = \theta_{V,t} + \alpha \left\{ \text{TD}_{\text{error}} \right\} \frac{\partial Q(s_t, \theta)}{\partial \theta} \tag{4.64}$$

在 Actor-NN 中，使用 TD 误差 TD_{error} 和行动梯度 $\dfrac{\partial Q(s_t, a_t)}{\partial a}$ 交替更新策略参数。如式（4.65）所示，将行动梯度乘以误差 1，得到的就是数学上投影在行动梯度上的误差。

如果交替学习这个误差和传统的 TD 误差，活用决策方法和概率方法各自的优点就指日可待了。

n step

$$\theta_{P,t+1} = \theta_{P,t} + \alpha \times 1 \times \frac{\partial Q(s_t, a_t)}{\partial a} \times \nabla u\,(s_t, \theta_a) \qquad (4.65)$$

(*n*+1) step

$$\theta_{P,t+1} = \theta_{P,t} + \alpha \times \{\mathrm{TD_{error}}\} \times \nabla u\,(s_t, \theta_a) \qquad (4.66)$$

图 4.17 是实际的连续动作空间问题 Mountain Car（OpenAI Gym）中应用了传统的 DDPG 方法、前述的 Actor-Critic 方法和混合 DDPG 方法的计算结果。从图 4.17 可以看出，混合 DDPG 方法比其他两种方法更早获得更高的奖励，在学习后期获得的奖励也更稳定。

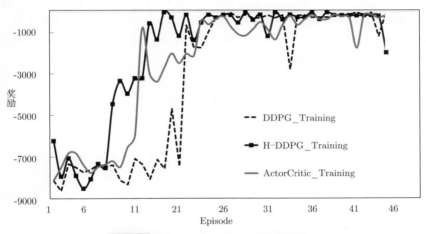

有 Code 图 4.17　三种 DDPG 方法的计算结果

4.5　TRPO/PPO 方法 有 Code

强化学习中函数近似方法使用的机器学习领域的技术，如 NN 或最速梯度下降法这类，都是非常容易理解的内容。但是，对于 TRPO（Trust Region Policy Optimization）方法，从算法原理到用二阶微分计算梯度，都是不容易掌握的内容。TRPO 方法的计算简化以后就是 PPO（Proximal Policy Optimization）方法，如果了解 TRPO 方法，理解 PPO 方法就会更容易。对这部分内容有个大体的理解需要花一点时间，如果想快速学习，可以跳过本节的内容。

为了使 TRPO 方法的说明通俗易懂，首先介绍该方法涉及的几个机器学习领域的基本概念和原理。

4.5.1　EM 算法

EM 算法（Expectation-Maximization algorithm）是一种机器学习领域中寻找最优解的方法。最速梯度下降法作为探索最优解的常用方法被广泛使用，但是它有一个缺点：模型一旦复杂，学习难度就会变大。例如，高斯混合分布模型中的学习参数就是一个著名的例子。

当时提出的建议就是这里介绍的 EM 算法。它不是应用一般的梯度来得到目标函数 $\log(\eta_\theta)$ 的最大值，而是通过垂直两步的移动轨迹生成梯度，如图 4.18 所示。生成梯度使用的两步分别命名为 M-step 和 E-step。M-step 用于计算最大值，E-step 用于计算期望值。EM 算法是非常著名的算法，如果想了解更多，可参见参考文献 [20] 和网上的资料。

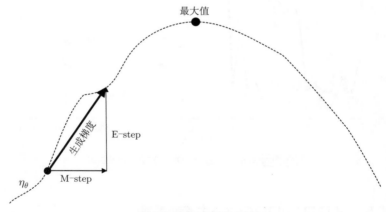

图 4.18　EM 算法概念图

另外，每步都使用对数中的詹森不等式（Jensen's inequality），利用下界（Lower bound）函数这一代理（Surrogate）函数来计算。如果用一个双变量对数的示例，它的转换如下所示。

$$\log(\eta_\theta) = \log(w_1\eta_{\theta_1} + w_2\eta_{\theta_2}) \tag{4.67}$$

如果这里使用詹森不等式，则会变成下面的形式。

$$\log\left(w_1\eta_{\theta_1} + w_2\eta_{\theta_2}\right) \geqslant w_1\log\left(\eta_{\theta_1}\right) + w_2\log\left(\eta_{\theta_2}\right) \tag{4.68}$$

出现在式（4.67）右边的项目是代理函数。

$$L(w,\theta) = w_1\log\left(\eta_{\theta_1}\right) + w_2\log\left(\eta_{\theta_2}\right) \tag{4.69}$$

使用 EM 算法探索最优解时代理函数的轨迹如图 4.19 所示。E-step 和 M-step 交替执行，绝对可以到达最优解。

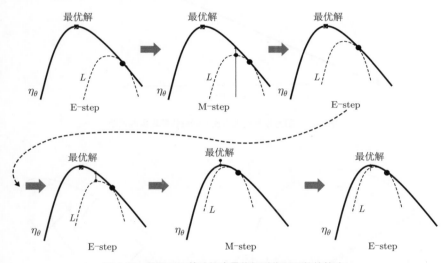

图 4.19　使用 EM 算法探索最优解时代理函数的轨迹

4.5.2　信赖域和自然梯度

前面的 EM 算法是非常有效的算法，但是有一个地方需要注意，即 M-step 的步长。M-step 需要在代理函数中进行最大化探索。在这种情况下，通常会使用带有参数微分的梯度下降法。

但是，如图 4.20 所示，一旦步长太大，就会出现生成的向量很难指向最优解所在位置的问题。总之，更新 M-step 时，需要设计一个可靠的步长。

这个问题一直以来被视为一个数学问题，提出了许多对策和方法。下面尝试从不同于传统方法的角度，对此前提出的方法原理，进行直观、易于理解的说明。

问题的本质来源于误差函数的形式，如图 4.21 所示。图 4.21 显示了两种误差函数的等高线（函数值相同的线）。

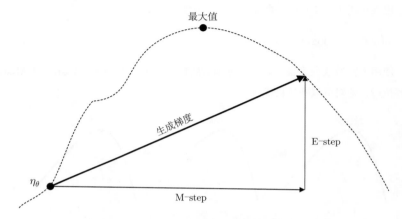

图 4.20　因为步长过大而找不到最优解现象的说明

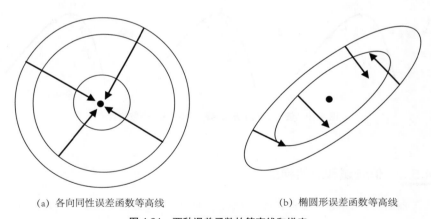

（a）各向同性误差函数等高线　　　　　（b）椭圆形误差函数等高线

图 4.21　两种误差函数的等高线和梯度

此外，在误差函数的中心是最低点，它作为最优解。因此，为了得到最优解，负责更新模型参数的梯度方向必须指向中心点。

我们来看一下实际情况。图 4.21（a）是各向同性误差函数等高线的情况。在这种情况下，如果为任意点创建法线，则法线方向就是最陡梯度方向。从图中可以看出，在任何点上创建的法线即梯度方向都指向圆心。

但是，误差函数等高线的形状改变以后，情况就会发生很大变化。例如，在图 4.21（b）中创建法线时，几乎所有法线都不指向中心点。尽管最优解位于中心点，但更新方向指向大幅度偏离的方向，这表明步长变大时会出现图 4.21（b）中说明的现象。为了避免这个问题，提出了各种各样的方法，其中有两种方法最具代表性。

（1）更新参数时，探索区域被限制在一定比例以下的预先指定的小范围内（如 $\delta=0.01$ ）。

（2）在误差函数中引入"相关"这一概念，通过操作相关性来控制梯度方向。

关于（1），将其并入到了后面将要介绍的 TRPO 方法中。使用测量分布函数距离的 KL 散度作为度量。详细内容将在下一节中进行说明，在此对（2）进行简单说明。此外，稍后将会证明，这两种方法的本质是相同的。

使用相关性可以直观地解释梯度控制原理。图 4.22 展示了在机器学习领域数据预处理中经常使用的白化方法。白化是指将相关性设为 0。将其应用于图 4.21 中，可以解释为表示椭圆形误差函数的两个变量 (x, y) 高度相关。失去相关性意味着从椭圆恢复为圆形。此外，所谓具有相关性，是指如果用数学矩阵来表示，则非对角项不是 0。也就是说，没有相关性与将非对角项设为 0 是相同的意思。

换句话说，消除相关事物的相关性，在数学上就是将具有非对角项的矩阵对角化。因此，可以创建表示传统分布模型参数值的方差矩阵，使用该方差矩阵的特征值和固有函数就可以消除相关性。定义如下所示。

λ : 方差矩阵 $\boldsymbol{\Sigma} = \{\boldsymbol{x}^{\mathrm{T}}\,\boldsymbol{x}\}$ 的特征值

S : 方差矩阵 $\boldsymbol{\Sigma} = \{\boldsymbol{x}^{\mathrm{T}}\,\boldsymbol{x}\}$ 的特征函数　　　　　　　　（4.70）

使用这两个结果能计算出图 4.22 所示的所有结果。首先，定义下面的转换矩阵 $\boldsymbol{P}$。

$$\boldsymbol{P}^{\mathrm{T}}\boldsymbol{P} = \boldsymbol{\Sigma}^{-1} \tag{4.71}$$

在式（4.71）中使用展开的特征值和特征函数，如下所示。

$$\boldsymbol{S}^{\mathrm{T}}\boldsymbol{\Sigma}\,\boldsymbol{S} = \boldsymbol{\lambda} \tag{4.72}$$

$$\boldsymbol{\Sigma}^{-1} = \boldsymbol{S}\boldsymbol{\lambda}^{-1}\boldsymbol{S}^{\mathrm{T}} \tag{4.73}$$

$$P^{\mathrm{T}}P = S\lambda^{-1}S^{\mathrm{T}} \tag{4.74}$$

$$P = \lambda^{-\frac{1}{2}}S^{\mathrm{T}} \tag{4.75}$$

$$w = Px \tag{4.76}$$

通过此转换，可以将具有相关性的 x 空间转换为不具有相关性的 w 空间。

因为没有相关性，所以图 4.22 中的任何法线方向都将指向圆心。另外，如果对不相关的 w 空间的任意向量（如 $\vec{w}_1$ 和 $\vec{w}_2$）进行逆转换，则与其对应的 x 空间中的 $\vec{x}_1$ 和 $\vec{x}_2$ 变成图示中的样子。从图中可以看出，$\vec{x}_1$ 和 $\vec{x}_2$ 的方向都指向椭圆的中心。这样，在具有相关性的 x 空间中，不是直接探索，而是在变换的 w 空间中执行最速下降梯度，即使是具有椭圆形等高线的误差函数，也可以通过梯度计算得到最优解。

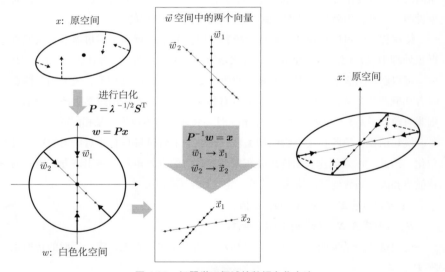

图 4.22　机器学习领域的数据白化方法

上面就解释了白化机制。补充一下，上述内容与研究人员甘利俊一老师提出的自然梯度密切相关（参考文献 [22]、[23]）。简单说明一下它的关联性。

如下所示，在式（4.71）中给出最常见的解。

$$P = \Sigma^{-\frac{1}{2}} \tag{4.77}$$

推导出每个空间梯度的关系式。在此之前，将式（4.76）稍做变形。

$$\boldsymbol{w} = \boldsymbol{P}\boldsymbol{x} = \boldsymbol{\Sigma}^{-\frac{1}{2}}x \tag{4.78}$$

首先，对于 x 空间中的误差函数 J，某些较小的移动宽度 Δx 可以通过以下公式计算。

$$\Delta x \propto \frac{\mathrm{d}J}{\mathrm{d}x} = \frac{\mathrm{d}w}{\mathrm{d}x}\frac{\mathrm{d}J}{\mathrm{d}w} \tag{4.79}$$

$$\Delta x \propto \frac{\mathrm{d}J}{\mathrm{d}x} = \boldsymbol{\Sigma}^{-\frac{1}{2}}\frac{\mathrm{d}J}{\mathrm{d}w} \tag{4.80}$$

对应于 x 的 w 空间的移动宽度 Δw，具有以下关系。

$$\Delta w = \frac{\mathrm{d}w}{\mathrm{d}x}\Delta x \tag{4.81}$$

$$\Delta w = \boldsymbol{\Sigma}^{-\frac{1}{2}}\Delta x \tag{4.82}$$

$$\Delta w = \boldsymbol{\Sigma}^{-\frac{1}{2}}\boldsymbol{\Sigma}^{-\frac{1}{2}}\frac{\mathrm{d}J}{\mathrm{d}w} \tag{4.83}$$

$$\Delta w = \boldsymbol{\Sigma}^{-1}\frac{\mathrm{d}J}{\mathrm{d}w} \tag{4.84}$$

在这里引入自然梯度，并定义如下。

$$\Delta w \propto \frac{\tilde{\mathrm{d}}J}{\tilde{\mathrm{d}}w} \tag{4.85}$$

将式（4.85）代入式（4.83），则可以得到以下内容。

$$\frac{\tilde{\mathrm{d}}J}{\tilde{\mathrm{d}}w} = \boldsymbol{\Sigma}^{-1}\frac{\mathrm{d}J}{\mathrm{d}w} \tag{4.86}$$

式（4.86）的意思显而易见。在通常的最速下降梯度 $\frac{\mathrm{d}J}{\mathrm{d}w}$ 中，引入了方差矩阵的逆矩阵 $\boldsymbol{\Sigma}^{-1}$ 的形式。方差矩阵是单位矩阵时，自然梯度和传统的最速下降梯度是等价的。虽然现在使用了方差矩阵，但误差函数 J 有时也可以如下设置。

$$J = \log\{P(X)\} \tag{4.87}$$

在这种情况下，用费舍尔信息矩阵定义，如下所示。

$$\boldsymbol{\Sigma} \equiv E\left\{ \frac{\partial \log P(x_i)}{\partial x_i} \frac{\partial \log P(x_j)}{\partial x_j} \right\} \tag{4.88}$$

如果将其想象为梯度的相关矩阵，可以直观地理解这个费舍尔信息矩阵。在图 4.23 中，对梯度的相关性进行了具体的图示说明。这是执行自然梯度方法时非常重要的概念。关于更详细的内容，请参照参考文献 [23]。

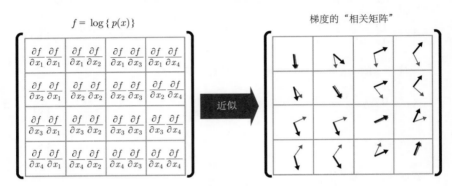

图 4.23 费舍尔信息矩阵与梯度"相关矩阵"的关系

到此为止，已经解释了 TRPO 方法需要的基本概念。下面在这些基本概念的基础上讲解 TRPO 方法。

4.5.3 信赖域策略梯度法

信赖域策略梯度法是一种学习方法，它融合了考虑信赖域来更新参数的方法和引入下界函数探索最优解的 EM 算法。同时具有这两种功能的奖励函数 $\eta(\theta)$ 的代理函数设计为以下形式。

$$\mathcal{L} = L(\theta) - C \cdot \overline{\mathrm{KL}} \tag{4.89}$$

式（4.89）的第一项 $L(\theta)$ 是下面这种形式。

$$L_\pi(\tilde{\pi}) = \eta(\pi) + \sum_s \rho_\pi(s_t) \sum_a \tilde{\pi}(a_t|s_t) A_\pi(s_t, a_t) \tag{4.90}$$

$$A_\pi(s, a) = Q_\pi(s, a) - V_\pi(s) \tag{4.91}$$

其中，$\tilde{\pi}$ 被定义为新策略；π 被定义为旧策略；$\rho_\pi(s)$ 是状态访问频率；$A_\pi(s, a)$ 是前面讲的 Advantage 函数。

式（4.89）的第二项是 KL 散度。作为公式来说，可以定义成如下形式。

$$D_{KL}\left(\pi_\theta \,||\, \tilde{\pi}_\theta\right) = E_\theta \log \frac{\pi_\theta}{\tilde{\pi}_\theta} \tag{4.92}$$

探索代理函数的最优解有多种方法，这里介绍一种与自然梯度相关的近似计算方法。对式（4.89）的第一项和第二项分别进行近似计算。

第一项的近似如下所示。

$$L_{\theta_K}(\theta) \approx g^{\mathrm{T}}\left(\theta - \theta_K\right) \tag{4.93}$$

$$g = \nabla_g L_{\theta_K}(\theta)\big|_{\theta_K} \tag{4.94}$$

第二项的近似如下所示。

$$D_{\mathrm{KL}}\left(\theta \,||\, \theta_K\right) \approx \frac{1}{2}\left(\theta - \theta_K\right)^{\mathrm{T}} H\left(\theta - \theta_K\right) \tag{4.95}$$

$$H = \nabla_\theta^2 D_{\mathrm{KL}}\left(\theta \,||\, \theta_K\right)\big|_{\theta_K} \tag{4.96}$$

这个 H 对应于前面提到的使用 Hessian 矩阵的费舍尔信息矩阵。最优化的目的函数和限制条件如下所示。

$$\theta_{K+1} = \underset{\theta}{\mathrm{argmax}}\left\{ g^{\mathrm{T}}\left(\theta - \theta_K\right) \right\} \tag{4.97}$$

$$s.t. \quad \frac{1}{2}\left(\theta - \theta_K\right)^{\mathrm{T}} H\left(\theta - \theta_K\right) \leqslant \delta \tag{4.98}$$

上面的公式可以进一步总结为以下的更新公式。

$$\theta_{K+1} = \theta_K + \sqrt{\frac{2\delta}{g^{\mathrm{T}} H^{-1} g}}\, H^{-1} g \tag{4.99}$$

式（4.98）中的梯度与前面提到的式（4.86）所表示的自然梯度的表达式是一致的。TRPO 方法本质上可以解释为一种自然梯度的计算。在参考文献 [17] 中，说明了使用其他解法和用 CG 方法计算 H^{-1} 的内容，想要详细了解的读者请参阅参考文献 [17]。

另外，不论什么样的解法，因为有 KL 散度的计算，所以使二阶微分变得非常复杂。为了避免这种情况而开发了 PPO 方法。没有引入 KL 散度，而是引入了一个新旧策略比率 r_t，并将该比率更改为 $\mathrm{clip}(r_t(\theta), 1{-}\varepsilon, 1{+}\varepsilon)$，即限制在某个固定的框架内，从而大大简化了计算开销。

$$\mathcal{L}^{\mathrm{Clip}}_{\theta_K}(\theta) = E\left[\sum_{t=0}^{\mathrm{T}} \min\{ r_t(\theta)\tilde{A}_t, \mathrm{clip}(r_t(\theta), 1-\epsilon, 1+\epsilon)\tilde{A}_t \}\right] \qquad (4.100)$$

以上就是对 TRPO 方法的介绍。TRPO 方法是一种从探索事件中学习的方法，从本质上来说，是一种使用蒙特卡罗方法学习梯度策略的方法。很多情况下是使用 TD(n) 方法去计算 $\tilde{A}_t$ 的。TRPO 方法的理论内容比其他方法多，所以建议读者运行发布的代码来理解内容。

4.6　AlphaGo Zero 学习法 有Code

最后，简单介绍一下发表在 2017 年 10 月 Nature 上的论文中提到的 AlphaGo Zero 学习法。关于 AlphaGo 的信息有很多，这里不再赘述。AlphaGo 学习法和 AlphaGo Zero 学习法都是围棋软件，AlphaGo 有模仿专业棋手对战棋谱的学习过程。与之相对，AlphaGo Zero 是完全不使用人类的知识，从零开始学习的围棋软件。它的实力已经凌驾于人类围棋冠军之上。AlphaGo 为了模仿人类的经验和技术，使用了深层卷积 NN 进行监督学习。

而 AlphaGo Zero 是一种纯粹的强化学习方法，从学习数据的生成到学习经验的积累，只由学习引擎来完成。AlphaGo Zero 的学习算法是独一无二的。在本书中虽然不会详细阐述，但是算法中最精妙的地方与前面章节介绍的，使用蒙特卡罗方法的策略梯度法的内容有很多重合之处。这里只用这些内容做一个简单的介绍。

4.6.1　AlphaGo Zero 的学习误差函数

为了理解 AlphaGo Zero，以误差函数作为切入点是最有效率的。

式（4.101）是 AlphaGo Zero 的误差计算公式。

$$l = \{ \mathcal{Z} - v \}^2 - \pi^{\mathrm{T}} \log(P) + c\theta^2 \qquad (4.101)$$

$$(v, P) = f_{NN}(\theta) \tag{4.102}$$

其中，v 表示价值；P 表示策略。如图 4.24 所示，v、P 是由使用 NN 的函数 $f_{NN}(\theta)$ 计算出来的。

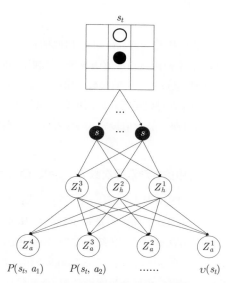

图 4.24　使用 NN 的价值函数和策略函数的近似

使用一个 NN 同时计算策略和价值函数是 AlphaGo Zero 的最大特点之一。

此外，NN 使用的是 ResNet 类型的 NN 而不是传统的卷积 NN。Z 的设置是，下一盘围棋，最后如果赢了设为 1，输了则设为 –1。π^{T} 是后面要叙述的策略。这个误差函数由最小二乘误差和交叉熵误差组成。如果不算 π^{T}，它可以说是一种简单到不可思议的算法。最后一项是为了抑制过度学习的正则项。

由（4.101）可知，为了使用 AlphaGo Zero 的误差函数训练 NN，训练数据是奖励 Z 和策略 π。奖励是游戏若分出胜负自然产生的值，不需要特别计算。

与之相对，策略 π 是通过蒙特卡罗树探索方法得到的。现在开始介绍在 AlphaGo Zero 中使用的蒙特卡罗树探索方法（MCTS）的基础知识。为了便于理解，以相反的顺序解释，先解释结果，再解释得出结果的过程。

4.6.2 AlphaGo 的学习策略 π

$$\pi(a \mid s_0) = \frac{N(s_0, a)^{\frac{1}{\tau}}}{\sum_b N(s_0, b)^{\frac{1}{\tau}}} \tag{4.103}$$

AlphaGo Zero 开发了一种与 Softmax 策略相似的概率策略梯度。AlphaGo Zero 策略的独到之处在于,不使用行动价值函数等,只利用访问次数。式(4.103)中的 $N(s_0, a)$ 是状态 s_0 中行动 a 被选中的次数。用以下步骤中介绍的方法计算。

τ 是温度系数,在鼓励探索时设定为较大的值,在执行决定性的策略时,设定为非常小的值。在学习的初期,最大值设定为 1;在学习的后期,设定为非常小的值 $\tau \to 0$。

1.(MCTS-2)状态 s_0 中的行动选择次数 $N(s_0, a)$、$Q(s, a)$ 和 $W(s, a)$

AlphaGo Zero 使用 MCTS 对某些状态 s_0 中的行动选择次数 $N(s_0, a)$ 进行统计处理。但是,与传统的 MCTS 不同,不是每步都执行 Roll-out。其他部分(如 UCB-1)选择策略等与传统方法相同。与传统 MCTS 不同的是,不进行"一直玩到最后的"Roll-out,而是当一个新的叶节点(Leaf node)出现并扩展时,就结束第一次 MCTS 探索。对根据叶节点在每个步骤得到的(NN 输出)奖励价值(s)进行反向传播,如下所示,计算并更新每个状态中的行动价值函数 $Q(s, a)$。

$$N(s, a) = N(s, a) + 1 \tag{4.104}$$

$$W(s, a) = W(s, a) + \upsilon \tag{4.105}$$

$$Q(s, a) = \frac{W(s, a)}{N(s, a)} \tag{4.106}$$

在这里使用的价值 υ 是从 NN 的输出得到的。此外,从计算公式可以看出,$W(s, a)$ 是各状态中的总行动价值函数 $Q(s, a)$,是行动价值函数的平均值。这个行动价值函数的计算方法与多臂老虎机问题中使用的平均值计算方法相同。

2.(MCTS-1)AlphaGo Zero 中的 UCB-1 行动选择策略

AlphaGo Zero 在各状态中选择行动时,使用了前面介绍过的 UCB-1 策略。但是并不完全相同,对偏置部分做了一些改进。公式如下所示。

$$a_{\text{UCB--1}}(s) = \underset{a}{\arg\max}\left[Q(s,a) + c_{\text{puct}}P(s,a)\frac{\sqrt{\sum_b N(s,b)}}{1+N(s,a)} \right] \qquad (4.107)$$

式（4.107）用到的 $Q(s, a)$ 和 $N(s, a)$ 是使用 MCTS-2 得到的值。$P(s, a)$ 使用 NN 的输出。

上面的计算和更新结束后，返回相同的状态 s_0，执行第二次 MCTS。进行 1600 次同样的 MCTS 探索，执行时间花费 0.4 秒左右。通过这种探索，得到根节点 s_0 中可能采取的行动对应的 $N(s_0, a)$，代入式（4.103）计算策略 $\pi(a \mid s_0)$。这个 $\pi(a \mid s_0)$ 会被保存下来，在游戏结束后的 NN 训练阶段作为监督数据使用。

3. 执行示例

下面通过一个执行示例，介绍 AlphaGo Zero 学习方法的细节。如果使用围棋的棋盘，行动的数量过于庞大，所以选择了一个简单的井字棋。

图 4.25 所示为游戏进行中的一些状态。下一个轮到 ●。● 的行动选项有 7 处。现在的目的是求出策略 $\pi(a \mid s_0)\{a \in 1, 2, 3, 4, 7, 8, 9\}$。例如，行动 3 的策略概率使用式（4.103），具体的表示方式如下。

$$\pi(3 \mid s_0) = \frac{N(s_0,3)^{\frac{1}{\tau}}}{\displaystyle\sum_{b=1,2,3,4,7,8,9} N(s_0,b)^{\frac{1}{\tau}}} \qquad (4.108)$$

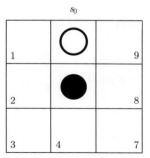

图 4.25　某个初始状态

下面，对使用 MCTS 策略的计算步骤进行一一说明。

（1）初始状态。

例如，经过多次 MCTS 探索以后，游戏进行到图 4.25 所示的状态。各状态下的 $N(s_0, a)$、$Q(s, a)$、$W(s, a)$、$P(s, a)$ 更新为图 4.26 中的一些值。

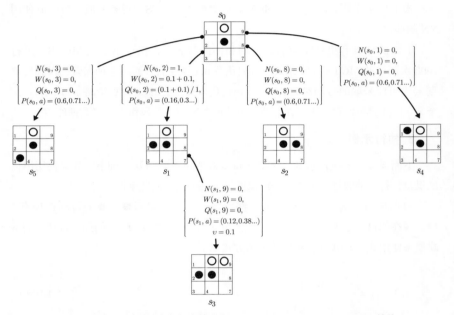

图 4.26　图 4.25 所示中各状态的 $N(s_0, a)$、$Q(s, a)$、$W(s, a)$、$P(s, a)$ 的值

（2）USB-1 行动选择。

基于（1）中描述的各状态值，计算行动状态价值分数 a_score。

$$\text{a\_score} \rightarrow \left[Q(s,a) + c_{\text{puct}} P(s,a) \frac{\sqrt{\sum_b N(s,b)}}{1 + N(s,a)} \right]$$

为了执行上面的公式，对于已经探索到的行动，直接使用更新的值，对于未选择的行动，则 $Q(s_0, a)=0$ 和 $N(s_0, a)=0$ ，$p(s_0, a)$ 是使用 NN 计算的值来计算的。综上所述，基于各行动的分数选择下面最大值的行动。

$$a_{\text{UCB}\_1}(s) = \underset{a}{\arg\max}(a_{\text{score}})$$

例如，执行 $a_{\text{UCB-1}}(s_0)$ 的结果如下所示。

$$a_{\text{UCB}\_1}(s_0) = 2$$

这意味着将●放在 2 号。通过执行这个行动，前进到状态 s_1。但是，状态 s_1 是已经探索过的节点。它不是叶节点，所以继续探索。在状态 s_1 中，进一步计算 $a_{\text{UCB-1}}(s_1)$，结果如下所示。

$$a_{\text{UCB}\_1}(s_1) = 7$$

（3）叶节点的展开。

上述步骤结束后，MCTS 进入到叶节点展开阶段。具体来说，因为轮到白○了，○如图 4.26 所示，执行式（4.107）的行动，把○放到 7 号，展开新的叶节点。状态编号设为 s_6。如下所示，设置新叶节点的初始值。

$$N(s_6, a) = 0, Q(s_6, a) = 0, W(s_6, a) = 0$$

将 s_6 状态输入到 NN，计算 $P(s_6, a)$ 和 $V(s_6)$。

$$\{P(s_6, a), v(s_6)\} = f_{\text{NN}}(s_6)$$

例如，公式可以如下。

$$\{0.12, 0.38, \cdots, 0.42\} = f_{\text{NN}}(s_6)$$

图 4.27 举例说明了展开后各变量的初始值和计算值。

（4）反向传播与价值更新。

新的叶节点展开后，传统的 MCTS 方法会使用 Roll-out 模拟最后的胜负。AlphaGo Zero 不会执行 Roll-out，新的叶结点一展开就开始反向传播。

图 4.28 所示为价值的反向传播和价值更新的情况。反向传播的值是通过在 NN 中放入状态 s_6 计算的奖励价值 $v(s_6)$。

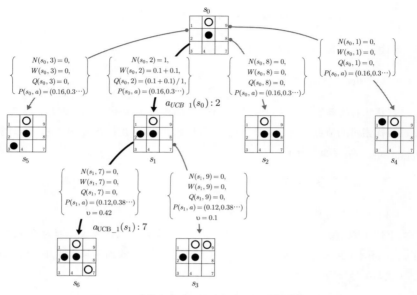

图 4.27　叶节点展开后的各变量的初始值和计算值

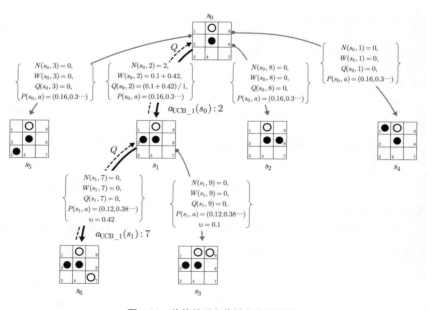

图 4.28　价值的反向传播和价值更新

如果将 AlphaGo Zero 的价值理解为奖励，就会发现其算法与 3.4 节中介绍的使用蒙特卡罗方法的函数近似法类似。使用在 s_6 中得到的奖励，可以更新状态 s_1 的各种参数。

$$\left\{\begin{array}{l} N(s_0,2)=1, \\ W(s_0,2)=0+0.1, \\ Q(s_0,2)=(0+0.1)/1, \\ P(s_0,a)=(0.16,0.3,\dots) \end{array}\right\} \rightarrow \left\{\begin{array}{l} N(s_0,2)=2, \\ W(s_0,2)=0.1+0.42, \\ Q(s_0,2)=(0.1+0.42)/2, \\ P(s_0,a)=(0.16,0.3,\dots) \end{array}\right\}$$

就这样一次 MCTS 更新就结束了。为了重启 MCTS，将状态重设为 s_1，各状态下的参数使用上次的更新结果，保持不变。

上述的步骤重复执行 1600 次以后，会得到图 4.29 所示的统计数据。它显示了状态 s_0 下可能采取的各种行动被选择的次数。根据这个结果，如果使用式（4.103），可以将各行动的次数转换为对应的概率表示 $\pi(a \mid s_0)$。

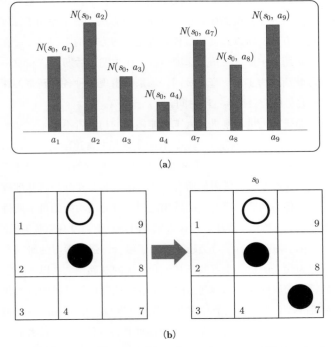

图 4.29 （a）根据计算出的 $\pi(a \mid s)$ 进行的行动采样，（b）根据被选择的行动更新下一个状态

这个 $\pi(a \mid s_0)$ 会被保存，在游戏结束后可以作为监督数据在训练 NN 的时候使用。

此外，决定下一个行动的过程与传统的 Softmax 函数完全相同。根据计算出的 $\pi(a \mid s_0)$ 对行动进行采样，并确定下一个状态。如果是图 4.29 所示的结果，大多都选择行动 $a=7$，因为轮到了●，所以把●放在 2 号。因此，如图 4.29 所示，状态 s_0 被新的条件更新了。在新的状态中，执行 1600 次 MCTS 探索，确定下一步。如前所述，一旦游戏分出了胜负，就会使用其结果和先前保存的策略 $\pi(a \mid s)$ 训练 NN，并更新 NN 的权重参数。

到此为止，已经解释了 AlphaGo Zero。如果读者有更多的兴趣，请获取并运行发布的代码。围棋的计算规模过于庞大，取而代之的是以井字棋为例进行编码。

4.7 总结与展望

到此为止，已经介绍了最新的深度强化学习方法。像本章开篇所说的那样，深度强化学习方法属于传统的函数近似强化学习方法。由于使用了深度 NN 这样的新的函数近似方法，所以远远超过传统强化学习方法的学习精度。在第三次人工智能浪潮的初期至中期，主角是深度学习，在中期至后期以 AlphaGo 为代表的深度强化学习渐渐成为主角。毫无疑问，未来会出现各种各样新奇的深度强化学习方法。这种趋势可能会持续一段时间。

人工智能的研究人员和刚进入人工智能领域的初学者不得不在如此众多的方法浪潮中"冲浪"，如何应对这一趋势，我想大家是非常迷茫的。从作者的经验来看，新的学习方法出现得越多，对于基础知识和基础概念的理解就越重要。此外，不止强化学习，在涉及机器学习的所有方面，都有必要充分理解基础概念和基础知识。无论多么优秀的算法都有它的适用范围。对通用功能的过于期待会对算法的应用产生弊端。既然用了算法，建议大家要时刻意识到没有免费午餐的道理。

未来，强化学习和机器学习会越来越趋于融合，强化学习的研究者有必要熟悉以深度学习为代表的机器学习的新知识和传统的基础概念。以强化学习为代表的人工智能领域的研究人员和刚起步的初学者，掌握日新月异的技术和知识将变得越来越有挑战性。为了在这个时代中胜出，应当 Quick to understand, Slow to judge。 能力是独一无二的武器。希望本书能助具备这种能力的读者们一臂之力。

总结

（1）融合了强化学习和使用深度 NN 的深度学习的函数近似方法就是深度强化学习。

（2）DQN 方法在使用传统 TD 方法的价值函数近似方法中引入了深度 NN、经验再现和 Target-NN 等"技能"，使学习效果有了飞跃性的提高。

（3）蒙特卡罗函数近似方法中的 $Q(s_t, a_t)$ 是根据最终奖励基于每个状态中的访问次数计算出来的，因此蒙特卡罗方法的本质不是价值函数近似，而是策略近似。

（4）以 TD 方法为基础的 Actor-Critic 深度强化学习方法（DDPG、TRPO/PPO 等）的最大特点是，使用大量近似价值函数的 NN 和近似策略的 NN。

（5）以蒙特卡罗方法为基础的 AlphaGo Zero 学习法将价值函数和策略的近似统一为一个深度 NN。此外，在取得训练数据的过程中引入蒙特卡罗树探索方法，实现了革命性的学习效果。

参考文献

［1］ Puterman, "M. L. Markov Decision Processes Discrete Stochastic Dynamic Programming," Wiley, 1994.

［2］ Diniz, S. P., "Adaptive Filtering: Algorithms and Practical Implementation," pp.18-19, Kluwer Academic Publishers, 2002.

［3］ Busoniu, L., Babuska, R., Schutter, D. B., and Ernst, D., "Reinforcement Learning and Dynamic Programming Using Function Approximators," pp.14-19, CRC Press, 2010.

［4］ Sutton, S. R. and Barto, G. A., "Introduction to Reinforcement Learning," MIT Press, 1998

［5］ Auer, P., Cesa-Bianchi, N. and Fischer, P., "Finite-time analysis of the multiarmed bandit Problem," Machine Learning, vol.47, pp.235-256, 2002.

［6］ Strens, M. J. A., "A Bayesian framework for reinforcement learning," in Proceedings of the 17th International Conference on Machine Learning (ICML 2000), pp.943–950, 2000.

［7］ Sutton, R. S., "Generalization in reinforcement learning: Successful examples using sparse coarse coding," Advances in Neural Information Processing Systems: Proceedings of the 1995 Conference, MIT Press, pp.1038-1044, 1996.

［8］ 杉山 将, 『イラストで学ぶ　機械学習　最小二乗法による識別モデル学習を中心に』, 講談社, 2013.

［9］ LeCun, Y., Bengio, Y. and Hinton, G., "Deep learning," , Nature, vol.521, pp.436-444, 2015.

［10］Mnih, V., et. al., "Human-level control through deep reinforcement learning," Nature, vol.518, pp.529-533, 2015.

［11］Sutton, R. S., McAllester, D., Singh, S. and Mansour, Y., "Policy gradient methods for reinforcement learning with function approximation," in Proceedings of the 12th International Conference on Neural Information Processing Systems (NIPS 1999), MIT Press, pp.1057-1063, 1999.

［12］Barto, A., Sutton, R. and Anderson, C., "Neuronlike adaptive elements that can solve difficult learning control problems," IEEE Transaction on Systems, Man, and Cybernetics, vol.SMC-13, issue.5, 1983.

［13］Mnih, V., et. al., "Asynchronous Methods for Deep Reinforcement Learning," in Proceedings of the 33rd International Conference on Machine Learning(ICML 2016), 1928-1937, 2016.

［14］Haarnoja, T., Zhou, A., Abbeel, P. and Levine, S., "Soft Actor-Critic: Off-Policy Maximum Entropy Deep Reinforcement Learning with a Stochastic Actor," arXiv:1801.01290., 2018.

［15］Lillicrap, T. P., et. al., "Continuous control with deep reinforcement learning," arXiv:1509.02971., 2015.

［16］Silver, D., Lever, G., Heess, N., Degris, T., Wierstra, D. and Riedmiller, M., "Deterministic policy gradient algorithms," in Proceedings of the 31st International Conference on International Conference on Machine Learning (ICML 2014), pp.387-395, 2014.

［17］Schulman, J., Levine, S., Moritz, P., Jordan, M. I. and Abbeel, P., "Trust Region Policy Optimization," arXiv:1502.05477., 2017.

［18］Silver, D., " Mastering the game of Go without human knowledge," Nature, vol.550, pp.354-359, 2017.

［19］Maei, H. R., "Convergent Actor-Critic Algorithms Under Off-Policy Training and Function Approximation," arXiv:1802.07842., 2018.

［20］Sogabe, T., et. al., "Hybrid Policy Gradient for Deep Reinforcement Learning," JSAI2018, 3Pin130-3Pin130, 2018.

［21］杉山 将，『統計的機械学習―生成モデルに基づくパターン認識』，オーム社，2009.

［22］Sohl-Dickstein. J., "The Natural Gradient by Analogy to Signal Whitening, and Recipes and Tricks for its Use," arXiv:1205.1828., 2012.

［23］Amari. S, "Natural gradient works efficiently in learning," Journal of Neural Computation, vol.10, pp.251-276, 1998.